LEONHARD ZINTL

ZUKUNFT EINFACH MACHEN

Für meine Frau Elisabeth,
meine Kinder Lukas, Anna-Lena und Benedikt
und meine Eltern Josefine und Max
in Liebe und Dankbarkeit

Mai 2020

„DAS GEHT NICHT!"

Es ist Sommer in Waldeck. Ich stehe mal wieder auf der freigelegten Burgruine, die hoch über Waldeck thront – dem Ort in der nördlichen Oberpfalz, der seit meiner Heirat vor über zehn Jahren mein neuer Heimatort ist. Die Oberpfalz liegt im nordöstlichen Teil von Bayern an der Grenze zu Tschechien. Das Gebiet ist heute noch ländlich geprägt.

Neben mir steht der Vorsitzende des örtlichen Heimat- und Kulturvereins Georg Wagner, ein Mann mit von Silberfäden durchzogenem dunklem Bart und kräftiger Statur. Wir blicken gemeinsam auf den Ort hinunter, der friedlich zwischen grünen Wiesen und Feldern zu unseren Füßen liegt.

„Es ist einfach schön hier!", sage ich zu ihm.

Dass wir hier in diesen Mauern stehen und hinunterschauen können, ist nicht selbstverständlich: Bis Anfang der 1980er-Jahre war von der Burgruine nichts zu sehen gewesen. Sie war komplett überwuchert, kaum einer erinnerte sich noch an sie – bis auf drei Mitglieder des Vereins. Sie waren felsenfest davon überzeugt: „Da muss noch was da sein." Irgendwo auf diesem auffälligen Basaltkegel direkt neben dem Ort musste es noch Reste des ehemaligen Baus geben.

Der Hügel war damals noch dicht bewaldet: Fichten überzogen eng und dunkel beieinanderstehend das Gelände. Nichts deutete darauf hin, dass hier über Jahrhunderte von diesem trutzigen Bauwerk aus Grafen und Herzöge über die Oberpfälzer Hügellandschaft gewacht hatten.

„Schwierig!", hatten damals im Ort viele gesagt und die drei belächelt, die sich auf die Suche machten. „Von der Burg werdet ihr ja doch nichts mehr finden."

Die drei ließen sich jedoch nicht beirren.

Als die Suche erfolgreich war, sagten dieselben Leute: „Ja, aber die Burgruine wieder freilegen? Der Aufwand ist viel zu groß. Das schafft ihr nicht." Wieder hörten die drei nicht auf die Worte. Im Gegenteil: Sie gewannen viele Mitstreiter im Verein und irgendwann hatten sie es geschafft. In unzähligen ehrenamtlich geleisteten Stunden, in den 1980ern und 1990ern zeitweise unterstützt von ABM-Kräften, war es den Aktiven des Vereins gelungen, die

Mauerreste nicht nur zu finden und vom Gestrüpp zu befreien. Sie hatten auch den Platz darum herum freigelegt und hergerichtet, sodass der Schlossberg zu einer richtiggehenden Attraktion für die Gegend geworden war.

Das ist lange vor meiner Zeit hier gewesen. Ich kann nur staunen, mit welcher Energie die Waldecker Freiwilligen dieses Projekt verfolgt und vorangetrieben hatten. Deshalb war dies auch der erste Verein, dem ich mich anschloss, nachdem ich mit meiner Frau hierher umgezogen war. Mit meinem Beitritt wollte ich meine Hochachtung vor dieser Vereinsleistung und dem herausragenden Beispiel von gelebtem Bürgerengagement zum Ausdruck bringen.

„Ja, Leonhard, du hast recht. Es ergreift einen immer wieder, wie schön es hier oben ist“, antwortet mir Georg Wagner endlich. Es klingt fast ein bisschen feierlich.

Ich wende meinen Blick vom Ort und lasse ihn über die schön hergerichteten Mauerreste hinter mir gleiten. „Nur eines fehlt noch", sage ich. „Wie?", fragt mein Gegenüber. „Was fehlt?" „Du weißt schon, die Kapelle", sage ich und deute mit dem Finger auf ein Karree weiter hinten auf dem Gelände. Der Vorsitzende seufzt: „Ach komm. Wir haben schon so oft darüber gesprochen. Wir haben schon alles probiert. Mein Vorgänger hat alles, was möglich war, versucht. Glaub' es mir: Das geht nicht. Wir sind ein viel zu kleiner Verein, als dass wir so ein großes Rad drehen könnten."

Er schüttelt den Kopf und fügt hinzu: „Ja, wenn wir eine von den großen Organisationen wären, dann hätten wir so ein Projekt im Kreuz. Dann könnten wir das anschieben. Doch wir sind nur kleine Leute."

„Aber es wäre für die Waldecker ein erfahrbares Stück Heimat, wenn von hier oben wieder eine Glocke läuten würde." Ich schaue ihn lächelnd an. „Wäre es nicht wunderbar, wenn die Burg vom Ort aus nicht nur zu sehen, sondern auch zu hören wäre?" Er sieht traurig aus, als er mir erwidert: „Ja, das wäre es. Aber es braucht ein Wunder, damit es so weit kommt." Dann richtet er sich auf, räuspert sich und sagt: „Ach, Leonhard, lass' gut sein. Das geht nicht."

ZUK

UNFT

1.

SCHWIERIGE ZEITEN

„Die Zukunft war früher auch besser."

KARL VALENTIN

„Herr Zintl, wissen Sie was? Ich habe richtiggehend Angst vor dieser Digitalisierung. Ich habe das Gefühl, dass dadurch alles anders und so schwierig wird." Die gestandene Unternehmerin seufzt tief. Sie hat in den letzten Jahren sehr erfolgreich eine Schokoladen-Manufaktur aufgebaut, doch nun schaut sie mich ratlos an. Ich bin mit ihr im Vorraum einer Veranstaltung zur Digitalisierung im Mittelstand ins Gespräch gekommen. Das Seminar ist übertitelt mit „Im digitalen Sturm der Veränderung". Ich bin als Referent zum Thema „Blockchain aus Sicht eines Bankers" geladen.

Sie ist nicht die erste, die ich so reden höre. Und wahrscheinlich haben Sie solche Bedenken auch schon oft genug gehört. Es scheint in Deutschland unbewusst zum Volkssport geworden zu sein, jede Stunde am Tag einmal einen Satz mit dem Wörtchen „schwierig" zu bilden und anschließend zu seufzen. Oder auf jede Anregung mit einem „Ja, aber" zu antworten.

ES SCHEINT ZUM VOLKSSPORT GEWORDEN ZU SEIN, SÄTZE MIT „SCHWIERIG" ODER „JA, ABER" ZU BILDEN.

Die Menschen haben in der Regel gute Gründe, warum sie so sprechen, doch ich muss sagen, dass ich mich damit sehr unwohl fühle. Vielleicht fällt mir deshalb die Häufung so deutlich auf. So hörte ich zum Beispiel im Gespräch von einem Abiturienten aus der Region, in der ich schon seit Jahren einem Bankhaus vorstehe: „Ich würde ja gerne hierbleiben. ABER eine gute Ausbildung und einen adäquaten Job kriege ich doch nur in der Stadt. Auf dem Land wird es in Zukunft noch SCHWIERIGER, als es eh schon ist." Und natürlich folgte ein Seufzen.

Besonders erschrocken bin ich, als ich letztes Jahr auf einem Treffen von Bankvorständen mit einem Bekannten sprach. Im Gegensatz zu meiner Bank liegt seine in einer Region, in der die Wirtschaft brummt. Doch anstatt optimistisch und energiegeladen aufzutreten, stand er in der Kaffeepause mit hängenden Schultern an dem Bistrotisch, auf dem er seine Tasse abgestellt hatte. Ich stellte meine daneben und sprach ihn an: „Ich habe gehört, dass ihr fusionieren wollt. Ist das wahr?"

Er sah auf und nickte nur.

Ich hakte nach: „Eure Zahlen sind doch gut, soweit ich weiß."

„Ja, die Zahlen sind in Ordnung", antwortete er. Und setzte hinzu: „Noch. ABER mir fehlte der Glaube, dass wir uns als kleine Bank in Zukunft behaupten können. Ich brauche dir nicht zu erzählen, wie SCHWIERIG die Zeiten gerade in unserer Branche sind."

Er rührte resigniert in seiner Kaffeetasse und seufzte: „Dann doch lieber die Flucht nach vorne in die Fusion. Eine gewisse Größe gewährt wenigstens etwas Schutz."

Er sagte das mit einer Endgültigkeit, die mich nachdenklich machte.

Doch nicht allein im wirtschaftlichen Umfeld können Sie den Trend beobachten. Die Sätze mit „schwierig" und „Ja, aber" zu bilden, ist ein Phänomen auf allen Ebenen. Ich kenne viele gute Ideen im lokalen Bereich, die daran gescheitert sind, dass die Antwort der Mehrheit vor Ort lautet „Ja, ABER" oder „Das wird SCHWIERIG". So scheitern immer mehr Initiativen örtlicher Vereine und Organisationen. Sie alle sind auf ehrenamtliches Engagement angewiesen und stellen fest, dass es immer mehr erlahmt. Dementsprechend werden die Fußballplätze im Dorf nicht mehr gepflegt, die Freiwillige Feuerwehr kann ihren Aufgaben kaum noch nachkommen, die Vereinsheime veröden, die Zahl der örtlichen Veranstaltungen schrumpft, der Zusammenhalt bröckelt.

ICH WUNDERE MICH, WAS DIE MENSCHEN BEWEGT, SICH DIESEM TREND ANZUSCHLIESSEN.

Immer häufiger, wenn ich SCHWIERIG oder JA, ABER mit anschließendem Seufzer höre, wundere ich mich, was die Menschen bewegt, sich diesem Trend anzuschließen. Was würden Sie tun, um das herauszukriegen? Ich jedenfalls dachte zunächst: ‚Was liegt näher, als diejenigen zu fragen, die sich so äußern?'

SO GROSS

Die Antworten, die ich auf meine Frage bekommen habe, hier der Reihe nach …

Die Schokoladen-Unternehmerin antwortet mir: „Na ja, ich weiß gar nicht so recht, was die Digitalisierung für mich und meine Firma eigentlich bedeutet. Es ist wie eine riesige Nebelwand, die auf mich zukommt. Ich habe das Gefühl, dass das nur Spezialisten überblicken – und die kriege ich nicht, selbst wenn ich sie bezahlen könnte. Die großen Unternehmen legen noch dazu so ein Tempo vor. Da komme ich nie hinterher."

Der Abiturient sagt: „Die Zukunft machen die großen Unternehmen und die sitzen nun mal in der Stadt. Wenn ich also was Zukunftsträchtiges machen möchte, bewerbe ich mich doch lieber bei denen. Die Kleinen hier auf dem Land haben da sowieso keine Chance."

„DIE KLEINEN AUF DEM LAND HABEN SOWIESO KEINE CHANCE."

Und der Bankvorstand? Der antwortet: „Wir werden von mehreren Seiten eingekeilt. Die Nullzinspolitik der EZB macht uns das Leben schwer. Darüber hinaus ersticken wir in Regulatorik. Was wir an Vorschriften haben, geht auf keine Kuhhaut. Und täglich werden es mehr. Und dann ist da noch die Digitalisierung. Die könnte unsere bisherigen Geschäftsmodelle komplett über den Haufen werfen. Vielleicht gibt es übermorgen schon keine Banken mehr. Wie sollen wir da noch an eine Zukunft als kleine Bank glauben?"

Ach ja, und von dem Mittelständler, der gerade den Nachfolger für seine kleine Produktionsfirma sucht, höre ich als Antwort: „Wenn ich einen Sohn hätte, wüsste ich nicht, ob ich ihm den Betrieb guten Gewissens übergeben könnte. Gegen die Chinesen kommen, wenn überhaupt, in meiner Branche doch höchstens noch die Großen an. Wenn Wirtschaftswunder, dann vielleicht im Internet und irgendwo in den USA. Bei uns und mit dem, was ich mache, geht so was schon lang nicht mehr!"

„ES DENKT DOCH JEDER NUR NOCH AN SICH ...“

Der Vereinsvorsitzende macht es kurz: „Wo sollen die Freiwilligen denn herkommen? Es denkt doch jeder nur noch an sich ...“

Ich weiß nicht, wie es Ihnen geht, aber, wenn ich mir das so anhöre, komme ich ins Nachdenken. Und zwar in zwei Richtungen:

Als erstes: Offensichtlich haben die Befragten alle den Eindruck, dass die Zeiten wirklich schwierig sind, dass unsere Zukunft nur noch irgendwo weit weg oder weit oben gestaltet wird, dass wir machtlos den Entwicklungen zusehen müssen. Doch wo kommt dieser Eindruck her?

Und als nächstes: Was passiert, wenn dieser Trend noch weiter um sich greift? Wenn immer mehr Menschen in Deutschland das Gefühl haben, dass ihre Zukunft nicht in ihrer Hand liegt, und sich entmutigt ihrem vermeintlichen Schicksal ergeben?

Eins nach dem anderen. Lassen Sie mich erst aufzeigen, welche Umstände – wie ich glaube – dem Eindruck von den schwierigen Zeiten zu seiner großen Verbreitung verhelfen.

NEULAND

Ich will bei der Branche anfangen, aus der ich komme. Sie müssen kein Hellseher sein, um vorauszusagen, dass die Bankenwelt in zehn Jahren nicht mehr dieselbe sein wird wie heute. Wir stehen vor der Herausforderung, mit einer Ware zu handeln, die keinen Preis mehr hat, weil die Europäische Zentralbank (EZB) die Zinsen auf Null gesenkt hat. Angesichts der uferlosen Zahl an Vorschriften, Dokumentationen, Kontroll- und Datenschutzbestimmungen fragen sich unsere Mitarbeiter immer häufiger: „Wie sollen wir denn diese Flut noch aufnehmen, verarbeiten und umsetzen?“

Und die Digitalisierung rüttelt an den Grundfesten unseres Selbstverständnisses. Kryptowährungen wie Bitcoins laufen unabhängig von offiziellen

DIE DIGITALISIERUNG RÜTTELT AN DEN GRUNDFESTEN DER BANKENWELT.

Währungen, Ländergrenzen und Zentralbanken. Es sind reine Zahlencodes, die ausschließlich über das Internet gehandelt und in digitalen Portemonnaies angezeigt werden. Im Gegensatz zu nationalen Währungen liegen diesen Codes kein realer Gegenwert, kein Staatshaushalt, keine Goldreserven, keine realen Wirtschaftsgüter zugrunde, nichts. Wo das hinführt? Ich kann es nicht absehen.

Die Technologie, die dahintersteht, nennt sich „Blockchain" – eine Zusammenschaltung von Computern, die gigantische Rechenleistungen in kürzester Zeit erlaubt. Diese Technologie könnte tatsächlich die Art der Zahlungssysteme, wie wir sie jetzt kennen, ersetzen. Was bleibt den Banken als Aufgabe? Ich kann Ihnen sagen. Ich habe schon geschluckt, als mir Christoph Jentzsch, einer der Pioniere von Blockchain, sagte: „Herr Zintl, wenn das alles erst mal läuft, dann brauchen wir Sie nur noch als Verwalter für die Schließfächer, in denen die Codes liegen."

KEINER WEISS, WOHIN UNS DIESE NEUEN TECHNOLOGIEN FÜHREN.

Doch nicht nur wir Banker sehen durch technologische Entwicklungen unsere Existenzberechtigung wegbrechen. Mit der E-Mobilität und noch viel mehr mit dem autonomen Fahren sind Entwicklungen im Gange, die die deutsche Automobilbranche in Aufruhr versetzen. Weil sie nämlich meilenweit hintendran sind gegenüber den großen Playern wie Google. Es wäre nicht das erste Mal, dass die deutsche Wirtschaft einen Zug nur noch von hinten sieht. Es gibt praktisch kein Elektrogerät mehr, dessen Display noch aus Europa und nicht aus Asien kommt. Sukzessive haben alle anderen den Anschluss verloren und die Produktion eingestellt.

Wohin führen uns diese neuen Technologien? Das weiß keiner so genau. Kann mittels 3-D-Druck vielleicht bald jeder sein Auto einfach selbst drucken? Was bedeutet eine solche Entwicklung für das Leben der Menschen in Deutschland und für ihre Arbeitsplätze? Und dabei spreche ich noch nicht einmal von dem Thema Künstliche Intelligenz (KI). Sicher ist, dass sie kommen wird. Wie sie allerdings unser Leben, unseren Alltag, unsere Welt verändern wird, können wir heute nicht einmal erahnen. Ob wir bei der Gestaltung ein Wörtchen mitreden werden, ist eine der spannenden Fragen.

Dass es kein Zurück gibt bei solchen Entwicklungen – das spüren wir dagegen heute schon in ganz alltäglichen Dingen.

Einer meiner Mitarbeiter erzählt mir: „Ich bin aus Facebook raus. Ich war es leid, ständig mit Posts bombardiert zu werden, die mich überhaupt nicht interessieren. Ich habe viel mehr Zeit damit verdaddelt, als ich wollte."

„Dann ist es ja gut", erwiderte ich lächelnd.

Er grinst gequält: „Ja und nein. Weil ich seither das Gefühl habe, dass ich raus bin aus meinem Freundeskreis!"

„Wie?", frage ich. „Sie haben doch Ihre Freunde immer noch."

„Ja, schon", sagt er in bekümmertem Ton. „Aber ich bekomme nichts mehr mit: Früher haben wir uns telefonisch verabredet, aber das läuft jetzt schon

lange nur noch über Facebook. Und weil die anderen alle noch bei Facebook sind, bleibt das auch so – und ich bekomme nichts davon mit. Es ist fast so, als ginge es nicht mehr ohne."

Was wir erleben, sind Veränderungen in exponentiellem Maße. Ja, auch wenn es schon immer Veränderung gegeben hat: In der Masse und in der Geschwindigkeit ist das für uns neu. Wir haben keine Blaupause dafür.

Mein Lieblingsvergleich, um diese enorme Geschwindigkeit begreifbar zu machen, ist die Geschichte vom Schachbrett und dem Reiskorn.

Ein Brahmane hatte einem indischen König das neu erfundene Brettspiel Schach beigebracht. Dieser war so begeistert, dass er seinem Lehrer einen Wunsch freistellte. Der schlaue Brahmane bat daraufhin nur um eine Kleinigkeit. Er wünsche sich ein paar Reiskörner. Ihre Zahl solle nach der Schachbrettrechnung ermittelt werden: Auf das erste Feld wird ein Reiskorn gelegt, auf das zweite doppelt so viele, also zwei, auf das dritte Feld vier, auf das nächste acht und so weiter. Kopfschüttelnd ob dieser scheinbar bescheidenen Bitte, aber lächelnd stimmte der König zu.

Tage später kam sein verzweifelter Verwalter zu ihm in den Thronsaal. Sie hätten versucht, den Wunsch zu erfüllen. Doch bereits ab Feld 55 der insgesamt 64 Felder des Schachbrettes hätte die gesamte jährliche Reisproduktion des Landes schon bei Weitem nicht mehr ausgereicht.

Ich habe großes Verständnis dafür, dass viele Menschen von diesen Umständen beeindruckt sind. Wir betreten alle miteinander Neuland. Und viele betreten es mit äußerst ungutem Gefühl, weil sie die Gefahren fürchten. Und in ihrer Not sagen sie „Ja, aber".

Und dann war da noch die zweite Frage, die ich mir gestellt habe: Was passiert, wenn immer mehr Menschen vor allem Gefahren in den Veränderungen vermuten? Lassen Sie uns kurz beleuchten, was passieren könnte, wenn die Mutlosigkeit noch weiter um sich greifen würde.

VIELE BETRETEN DAS NEULAND MIT ÄUSSERST UNGUTEM GEFÜHL.

JEDE WEITERE BELASTUNG KANN DIE SOZIALSYSTEME ZUM WANKEN BRINGEN.

jährlichen Staatshaushalts in die Rentenkassen. Jede zusätzliche Belastung kann das mühsam gehaltene Gleichgewicht zwischen Einnahmen und Ausgaben ins Wanken bringen.

Die Folgen von zusammenbrechenden Sozialsystemen möchte ich mir nicht ausmalen – das hielte sogar ich für schwierig. Denn dass dies den gesellschaftlichen Frieden in Gefahr bringen würde, scheint mir unausweichlich.

Wenn also unser Mittelstand von der Resignation voll erfasst würde, hätte das gravierende Folgen für unsere Gesamtwirtschaft und unsere Sozialsysteme. Doch das sind nicht die einzigen Auswirkungen. Sehen Sie mit mir auf die Auswirkungen, die die Stimmung nicht nur bei potenziellen Unternehmern hat.

DIE ERLAHMTE GESELLSCHAFT

Von der Not der Freiwilligen Feuerwehren und der verwaisten Vereinsheime habe ich schon gesprochen. Wussten Sie, dass sich in Deutschland die Zahl der Fitnessstudio-Mitglieder in den letzten zehn Jahren verdoppelt hat? Spinning in Reih und Glied, Zumba-Kurse und Cross-Fit-Sessions sind modern geworden. Das ist zur Abwechslung mal ein Volkssport, dem ich seine positive Wirkung nicht absprechen will. Auch wenn ich ihn für bezeichnend halte: Es scheint attraktiver, die teuren Beiträge der Studios zu bezahlen, anstatt sich zu verpflichten. Der Mitgliedsbeitrag im örtlichen Sportverein ist deutlich günstiger. Er schließt aber die Erwartung mit ein, dass sich jeder bei den anfallenden Arbeiten im Verein beteiligt: also einen Beitrag leistet, der nicht ausschließlich dem eigenen Wohl, sondern auch dem der Gemeinschaft zugutekommt.

IMMER MEHR MENSCHEN ZAHLEN LIEBER TEURE FITNESSSTUDIO-BEITRÄGE, **ANSTATT SICH ZU VERPFLICHTEN.**

Der Trend zur Individualisierung ist unverkennbar. Das Ich kommt zuerst, die Gemeinschaft als orientierungsgebende Institution verliert an Gewicht. Die Soziologen sprechen von Enttraditionalisierung. Ich möchte es lieber konkret formulieren: Die Bindungen der Menschen untereinander und das Verantwortungsgefühl für die Gemeinschaft leiden.

Diese Entwicklung gibt es bereits seit den 1960er-Jahren. Das Wirtschaftswunder im Nachkriegsdeutschland ermöglichte Wohlstand, die Verkürzung der Arbeitszeit und die Steigerung des Bildungsniveaus. Alle drei zusammen gelten als der Boden, auf dem die Individualisierung so richtig gedeihen kann.

Ich glaube, dass dieser Trend dazu beigetragen hat, dass die Zeiten als schwierig gelten, und davon wiederum befeuert wird. Vielleicht ist es auch umgekehrt. Was Henne und was Ei ist, vermag ich nicht zu sagen. Jedenfalls gehören die beiden zusammen. Der Zusammenhang ist so: Fokussiert sich der Mensch nur noch auf sich als Einzelperson, dann stellt er sich gefühlt auch den Herausforderungen der Zeit ganz allein. Schließlich ist er nicht mehr mit der großen Gemeinschaft verbunden, er muss und will seine Probleme ohne die anderen lösen. Für einen allein sind aber nun mal viele Dinge schwerer oder gar nicht zu lösen als für mehrere zusammen. Deshalb kommt dem Vereinzelten ein Problem schneller groß und übermächtig vor. Er sieht nichts anderes mehr. Er kommt deshalb verständlicherweise zu der Einschätzung: „Die Zeiten sind schwierig, sie bestehen nur aus Problemen. Und wenn ein anderer eine Lösung präsentiert, muss ich ihm gleich mal den Pferdefuß klarmachen, in dem ich ‚Ja, aber' sage."

FÜHLT DER EINZELNE SICH EINER HERAUSFORDERUNG GEGENÜBER ALLEIN, FINDET ER SIE „SCHWIERIG".

Der unmittelbar messbare Effekt der Individualisierung, die mit der Lösung der sozialen Bindungen einhergeht, ist vor Ort der Rückgang von ehrenamtlichem Engagement bzw. dem Einsatz für Gemeinschaften überhaupt. Schwerer messbar und doch spürbar ist der Effekt im großen Rahmen: da, wo sich die Bande einer ganzen Gesellschaft lockern.

Ja, unter diesen Umständen gibt es eine größere Bandbreite an Meinungen innerhalb der Gesellschaft. Aber das ist in meinen Augen nicht das Problem. Meinungsvielfalt ist befruchtend, ohne sie entsteht nichts Neues. Das Problem ist vielmehr die sinkende Bereitschaft, sich mit der Meinung der anderen auseinanderzusetzen. Der Einzelne verschließt sich und seine Meinung schneller, kapselt sich von offenen Diskussionen ab und tauscht sich bestenfalls noch mit Menschen aus, die seiner Meinung sind. Somit werden die gelockerten Bande der Gesellschaft noch weiter strapaziert, die Gräben werden tiefer, die Spaltung geht voran. Das Miteinander gerät zum Nebeneinander und in der Steigerung dann auch zum Gegeneinander.

Sie sehen, dass in der Einschätzung, dass die Zeiten schwierig sind, große Sprengkraft für unsere Gesellschaft steckt.

So weit muss es aber nicht kommen, denn wir haben es in der Hand, der Entwicklung eine andere Richtung zu geben. Bevor ich dazu komme, möchte ich einen Punkt noch erwähnen, weil er mir besonders am Herzen liegt. Es geht darum, wo die Menschen in Zukunft leben und welches Leben sie dort erwartet.

IN DER EINSCHÄTZUNG, DASS DIE ZEITEN SCHWIERIG SIND, STECKT GESELLSCHAFTLICHE SPRENGKRAFT.

Abseits der Ballungszentren, wo die Arbeitsplätze fast ausschließlich von kleinen und mittelgroßen Betrieben gestellt werden, wird die Zahl der Arbeitsplätze schrumpfen, weil diese Unternehmen als erstes leiden. Die Jungen müssen wegziehen, um Arbeit zu finden, die Alten bleiben zurück. Die Schrumpfung und Vergreisung ist in vielen Regionen Deutschlands heute schon sichtbar und dieser Trend wird sich noch verschärfen.

Die großen Unternehmen in den Ballungsräumen dagegen werden weiterhin Arbeitsplätze bieten. Die Sogwirkung der großen Städte wird also noch zunehmen. Dort rücken die Menschen räumlich immer enger zusammen.

Der Effekt dieses Zusammenrückens ist jedoch nicht, dass die Menschen dadurch wieder näher zueinander finden. Im Gegenteil: Der Anteil der Single-Haushalte in Großstädten liegt inzwischen bei über 50 Prozent - und damit noch einmal um 10 Prozent über dem landesweiten Durchschnitt. Die Vereinzelung wird durch die Verstädterung beschleunigt. Was bleibt einer Gesellschaft dann noch an Zusammenhalt, wenn das oberste Gebot der Mehrheit ist: „Ich allein“?

Dazu fällt mir die Geschichte von Christoph von Schmid ein, einem katholischen Schriftsteller aus dem 19. Jahrhundert. Wahrscheinlich kennen Sie ihn, auch wenn Ihnen der Name nicht geläufig ist: Von ihm stammt der Text des Weihnachtsliedes „Ihr Kinderlein kommet“. Die Geschichte, die ich meine, lautet so:

Ein Vater hatte sieben Söhne, die öfters miteinander uneins wurden. Über dem Zanken und Streiten versäumten sie die Arbeit. Ja, einige böse Menschen hatten im Sinne, sich diese Uneinigkeit zunutze zu machen und die

WAS BLEIBT VON EINER GESELL-SCHAFT, IN DER JEDER SAGT: „ICH ALLEIN"?

Söhne nach dem Tode des Vaters um ihr Erbteil zu bringen.

Da ließ der ehrwürdige Greis eines Tages alle sieben Söhne zusammenkommen, legte ihnen sieben Stäbe vor, die fest zusammengebunden waren und sagte: „Demjenigen von euch, welcher dieses Bündel Stäbe entzweibricht, zahle ich hundert große Taler bar." Einer nach dem anderen strengte alle seine Kräfte an, und jeder sagte nach langem vergeblichem Bemühen: „Es ist gar nicht möglich!"

„Und doch", sagte der Vater, „ist nichts leichter."

Er löste das Bündel auf und zerbrach einen Stab nach dem anderen mit geringer Mühe.

„Ei", riefen die Söhne, „so ist es freilich leicht; so könnte es ein kleiner Knabe!"

Der Vater aber sprach: „Wie es mit diesen Stäben ist, so ist es auch mit euch, meine Söhne. Solange ihr fest zusammenhaltet, werdet ihr bestehen, und niemand wird euch überwältigen können. Wird aber das Band der Eintracht, das euch verbinden soll, aufgelöst, so geht es euch wie den Stäben, die hier zerbrochen auf dem Boden umherliegen."

Das ist es, was ich befürchte, wenn Deutschland flächendeckend in Individuen zerfällt, die die Zeiten für schwierig halten. Darüber hinaus habe ich selbst ganz andere Erfahrungen gemacht.

ICH MÖCHTE WIDERSPRECHEN

„Schwierig, Herr Zintl, schwierig", seufzt der Wirtschaftsexperte, der mir gegenübersitzt.

Er überfliegt die statistischen Zahlen, die die Region um Mittweida in Sachsen kennzeichnen und fügt hinzu: „Strukturschwach ist der richtige Ausdruck."

„Ja, das ist so." Ich nicke.

„Und die Bevölkerungszahlen gehen auch zurück, nicht wahr?", bohrt er weiter.

„Auch das ist richtig", bestätige ich ihm.

„Und da wollen Sie es mit der Volksbank Mittweida schaffen, erfolgreich zu arbeiten? Wo doch schon Genossenschaftsbanken in Regionen mit hoher Kaufkraft, Zuzug und großer wirtschaftlicher Dynamik um ihre Existenz kämpfen?", fragt er halb herablassend, halb ungläubig.

Er schaut mir in die Augen, schüttelt den Kopf und setzt hinzu: „Das ist schwierig."

„Da möchte ich Ihnen widersprechen. Das ist nicht schwierig, sondern wunderbar so", erwidere ich lächelnd. „Wir beweisen seit Jahren, dass es geht."

Seit ich vor vielen Jahren zur Volksbank von Mittweida in Sachsen gestoßen bin, begegnet mir dieses ungläubige Staunen immer wieder. Doch es ist wahr: Es ist uns gelungen, was viele für so schwierig halten. Unser Haus schreibt sehr gute Zahlen, wir haben eine große und immer noch wachsende Anzahl zufriedener Kunden und hochmotivierte Mitarbeiter. Manche nennen das ein Wirtschaftswunder angesichts der Umstände, unter denen wir uns bewähren müssen. Wir nennen es – durchaus mit Stolz – einfach nur das Ergebnis unserer Arbeit.

Wir sind weder Superhelden noch Raketenwissenschaftler. Wir sind ganz normale Menschen. Und doch ist es uns gelungen, positive Entwicklungen bei uns vor Ort anzustoßen. Ich weiß deshalb aus Erfahrung, dass „schwierig" ein relatives Wort ist. Ich weiß, dass es möglich ist, die Zeiten, die viele als schwierig empfinden, ganz anders zu sehen. Und ganz anders darin zu agieren. Nämlich Dinge voranzubringen, anstatt zu seufzen.

ICH WEISS AUS ERFAHRUNG, DASS „SCHWIERIG" EIN RELATIVES WORT IST.

Das ist der Grund, warum ich dieses Buch schreibe. Ich sehe so viel wirtschaftliches und gesellschaftliches Potenzial in diesem Land, das ungenutzt bleibt. Ich sehe so viele Möglichkeiten, die nicht ergriffen werden. Ich sehe so viele großartige Menschen, die weit mehr können, als sie sich heute zutrauen.

Deshalb bin ich überzeugt, dass gerade in diesen Zeiten 100.000 Wirtschaftswunder in Deutschland möglich sind. Wie ich zu dieser Überzeugung komme und warum dieses Land eine großartige Zukunft haben kann, das will ich Ihnen in den folgenden Kapiteln darlegen. Und ich würde mich sehr freuen, wenn Sie mit mir an dieser Zukunft arbeiten möchten.

Denn wir leben in einem nie gekannten Wohlstand. Dabei geht es bei Weitem nicht nur um den materiellen Reichtum. Es geht auch und vor allem um den inneren Reichtum in dieser Gesellschaft, um die Vielfalt der Traditionen und die Erneuerungskraft, die in uns steckt. Dies alles ist es wert, dass wir uns für den Erhalt einsetzen. Und das gilt auch und besonders für unsere Gesellschaftsform, in der jeder Chancen bekommt und sie nutzen kann. Sie ist ein Erfolgsmodell, für das sich nach wie vor die meisten Deutschen begeistern können.

ICH BIN ÜBERZEUGT, DASS IN DEUTSCHLAND HEUTE 100.000 WIRTSCHAFTSWUNDER MÖGLICH SIND.

Auch wenn in Meinungsumfragen immer wieder eine erhebliche Politikverdrossenheit ermittelt wird: Diese ist aus meiner Sicht kein Misstrauensvotum gegenüber der Demokratie an sich. Es ist vielmehr eine Politikerverdrossenheit. Viel zu viele der führenden politischen Köpfe haben sich ebenfalls auf die Worte „schwierig“ und „Ja, aber“ eingeschossen, statt mutig voranzugehen. Die Folge ist, dass die Menschen sich enttäuscht aus der Beteiligung und der Verantwortung für die Gemeinschaft zurückziehen. Das tut uns allen nicht gut. Deshalb möchte ich meine Stimme erheben: gegen die Mutlosigkeit und die Resignation und für den Optimismus. Denn ich weiß aus eigener Erfahrung, dass vieles geht, von dem andere annehmen, dass es nicht geht. Dass es im Kleinen wie im Großen möglich ist, Zukunft zu gestalten.

Diese Erfahrung will ich weitergeben, um dieses Land zu ermutigen. Denn es gibt eine Idee, die es uns erlaubt, die Zukunft eben nicht den Großen zu überlassen. Die es uns erlaubt, unsere Welt so zu gestalten, dass ein lebenswertes Leben auf Dauer möglich ist. In der Stadt und im ländlichen Raum. Heute, morgen und übermorgen.

ICH WILL DIESES LAND ERMUTIGEN.

Wir haben jetzt die Verantwortung dafür. Und es sind jetzt wunderbare Zeiten, um genau dieses Ziel anzugehen. Warum ich glaube, dass wir in wunderbaren Zeiten leben, das verrate ich Ihnen im nächsten Kapitel. Vorausgesetzt, Sie haben wie ich Freude daran, die Zukunft positiv anzugehen ...

ob es stimmt, dass heute nur noch
tige Sachen erreichen können. Und
auch wirklich nicht geht", sage ich
stehe ich nicht. Was geht nicht?" „
Hausschuhe holen?", frage ich s
voll. „Schau mal zur Burg", bitt
in die Richtung. „Und jetzt ma
Gesichtsausdruck ist gespann
lauscht konzentriert und sagt
der Küche klappert jemand m

„Gut. Jetzt stell dir vor, dort
an zu läuten. Eine Glocke
und her und immer, wen
Kannst du es hören?" „Ja
der auf. „Oh, Papa, und
die Frage, mein Schatz
Sie nickt. Ich fahre fort
stellen kann, kann W
andere behaupten, e
ob das wirklich so is
Kleinen können m

Dann fällt mein B
holst du deine Hausschuhe ...

„ICH GLAUBE, ES GEHT DOCH!"

Der Gedanke an die Kapelle u
nicht mehr los. Was hat der V
von wenigen Tagen dort ob
dort wieder eine Glocke bis

Mit einer Tasse Kaffee in
trete ich vor die Tür uns
ist früh am Morgen, die

Meine Frau hat diesen
ihrer Eltern aufgebau
und auch den Fahne

„Papa, was machst
mich um. Meine T

„Ich denke über
schuhe? Der Bo
stellt sich nebe

2. WUNDERBARE ZEITEN

„Wer Hoffnung hat, lebt anders."

PAPST BENEDIKT XVI.

Ah, Sie wollen weiterlesen. Es freut mich, dass Sie wissen wollen, warum diese Zeiten wunderbar sind. Ich zumindest bin überzeugt davon. Ich werde im Geschäftsbericht 2017 unserer Bank in Mittweida zitiert mit den Worten: „Wer die Zukunft liebt und die Veränderung mag, für den sind es wunderbare Zeiten!“ Diesen Satz würde ich heute sofort wieder unterschreiben. Ich ernte damit oft ungläubige Blicke, aber ich stehe mit meiner Überzeugung erfreulicherweise nicht allein da.

Da ist zum Beispiel Christoph Jentzsch. Ich weiß nicht, ob Ihnen der Name ein Begriff ist. Ich habe ihn im ersten Kapitel bereits als einen der Pioniere der Blockchain-Technologie erwähnt. Er ist weltweit bekannt, hat – bevor er sich in Dresden niederließ – in den USA und Norwegen gelebt und unter anderem bei der Entwicklung des Ethereum Projekts maßgeblich mitgewirkt. Dessen Kryptowährung Ether hat inzwischen nach Bitcoin den höchsten Marktwert unter allen virtuellen Währungen.

DER PIONIER DER BLOCKCHAIN-TECHNOLOGIE HAT SICH IN MITTWEIDA ANGESIEDELT.

Geboren und aufgewachsen ist Christoph Jentzsch jedoch – wie es der Zufall so will – in Mittweida. Und hierhin ist er inzwischen zurückgekehrt. Er hat sich zusammen mit einem seiner Brüder bei uns angesiedelt, um seine höchst innovative Firma hochzuziehen. Deren Geschäftsidee hat das Potenzial, die internationale Finanzwelt auf den Kopf zu stellen.

Er sagt: „Die Zeiten sind wunderbar, weil Menschen fast überall noch nie so viel Freiraum für die selbstverantwortliche Gestaltung unserer Welt hatten. Wir alle können gerade die Weichen für die Zukunft stellen.“

Wenn ich das Menschen erzähle, die die Zeiten für schwierig halten, wenden diese sofort ein: „Na ja. Der hat gut reden. Er ist ganz vorne dran in einem Wirtschaftszweig, der boomt. Alles, was mit Digitalisierung zu tun hat, geht doch wie geschnitten Brot. Aber die Unternehmer in vielen anderen Branchen? Die schauen mit dem Ofenrohr ins Gebirge.“

„Hmm", antworte ich dann, „das würde ich nicht sagen." Und erzähle ihnen von Gesprächspartnern, die in ganz anderen Bereichen arbeiten, aber zu dem gleichen Schluss kommen wie Christoph Jentzsch und ich.

Da ist zum Beispiel dieser Kunde aus unserer Gegend. Ludwig Hörnlein besitzt das kleine Brauhaus Hartmannsdorf und ist ein findiger Kopf. Er hatte unter anderem vor Jahren als einer der ersten die Idee, das klassische „Radler", also die Mischung aus Bier und Limonade, als fertige Mischung in Flaschen anzubieten.

Heute entwickelt Ludwig Hörnlein neue Produkte für große Getränkehersteller. Mit großer Leidenschaft experimentiert er mit seinen kreativen Ansätzen und stellt seine innovativen Lösungen in kleinen Chargen her. Damit geht er auf die Großen zu und sagt ihnen: „Hört zu! Ihr vertreibt diese Neuheit versuchsweise unter eurem Logo. Wenn es erfolgreich ist, könnt ihr es mir abkaufen. Wenn nicht, war es einen Versuch wert." Ludwig Hörnlein findet diese Zeiten, die ihm erlauben, mit seinem größten Talent wirtschaftlich zu arbeiten, wunderbar.

Oder Marco Knott, den ich im Rahmen der Initiative HeimatUnternehmen kennengelernt habe: Er hat seine Festanstellung als Ingenieur gekündigt, um als Zauberer Kinderherzen höher schlagen zu lassen. Und nicht nur das: Er will auch das Kino seines Großvaters in der Oberpfalz vor dem Verfall retten. Er baut das Schlosstheater in Bärnau zu einer Zauberarena um und wird so die Region um eine einmalige Attraktion bereichern. Er ist ganz klar der Meinung: „Herr Zintl, die Zeiten sind wunderbar! Sogar meine Mutter meint, es sei wie ein Wunder, wenn hier wieder Leben in die Bude kommt."

„MEINE MUTTER MEINT, ES SEI WIE EIN WUNDER."

Die Einschätzung geht also weit über die Boom-Branchen hinaus. Wobei das, was Marco Knott, Ludwig Hörnlein, Christoph Jentzsch und ich meinen, wenn wir „wunderbar" sagen, natürlich nichts mit Wundern im übernatürlichen Sinne zu tun hat. Wir meinen es ganz irdisch.

MÖGLICHE WUNDER

Worum es uns geht, sind die möglichen Wunder. Jene großen und kleinen Wirtschaftswunder, die machbar sind. Die aus dem einfach Machen genauso entstehen wie aus dem Einfach-Machen. Weil Menschen anpacken, anstatt abzuwarten, weil sie ihre gute Idee beim Schopf ergreifen und sie umsetzen, anstatt zu zaudern.

Noch gelten solche wirtschaftlichen Erfolge als erstaunlich und nicht als normal. Dabei ist es eher erstaunlicher, dass sie noch nicht sehr zahlreich und damit normal sind. Denn die Zeiten sind wunderbar und der Boden bereitet für 100.000 Wirtschaftswunder.

ES IST ERSTAUNLICHER, DASS DIE WUNDER NOCH NICHT NORMAL SIND.

Ich weiß, dass das eine steile These ist. Und bis jetzt habe ich Ihnen genau genommen nur Behauptungen geliefert. Wer sagt denn, dass dieser ITler, dieser Brauer, dieser Zauberer, der einst ein Ingenieur war, und ich, der Banker, recht haben? Dass die Zeiten wirklich wunderbar sind?

Aus meiner Sicht haben wir sehr gute Gründe für diese Überzeugung und die will ich gerne mit Ihnen teilen. Das Spannende daran ist: Auf den ersten Blick nennen wir die gleichen Gründe wie die, die die Zeiten als „schwierig“ empfinden. Die Umstände, die diese veranlassen, dem Kommenden zu misstrauen, sind die gleichen, die uns zur Einschätzung „wunderbar“ bringen. Es handelt sich bei beiden um die Menge und die Geschwindigkeit der Veränderungen – die, die wir aktuell erleben und die, die sich für die Zukunft abzeichnen.

Denn wir von der Wunderbar-Fraktion ignorieren die Veränderungen und ihre Folgen nicht. Auch wir sehen, dass alte Geschäftsmodelle nicht mehr funktionieren und ganze Märkte wegbrechen. Wir erleben selbst, dass wir keine verlässlichen Informationen mehr haben, was uns morgen auf unserem Wirtschaftsfeld erwartet. Unsere Erfahrungswerte und Analyseinstrumente von früher helfen uns nicht mehr weiter. Wir wissen, dass das Maß an Risikovermeidung und Sicherheit, in der sich die deutsche Wirtschaft in den letzten Jahrzehnten wiegen konnte, nicht mehr möglich ist.

Doch wir sehen gleichzeitig, dass diese Entwicklung auch eine andere Seite hat. Denn jede Medaille hat zwei Seiten, so auch diese.

Ich lade Sie ein, mit mir auf die andere Seite der Medaille der Veränderungen zu schauen.

WENN NICHT ALLES BEIM ALTEN BLEIBT

Ganz grundsätzlich gilt: Bei jeder Veränderung, die Ihnen begegnet, müssen Sie sich von etwas Altem verabschieden. Das Alte war Teil Ihres Lebens, Ihres Bildes von der Welt. Wenn es wegfällt, hinterlässt es eine Lücke.

Ich verstehe, wenn jemand das als schmerzlich empfindet, denn schließlich war er daran gewöhnt. Es ist nur schade, dass in diesem „Abschiedsschmerz" leicht untergeht, dass gleichzeitig etwas Wunderbares passiert. Mit der Veränderung tut sich Raum für etwas Neues auf.

VERÄNDERUNG SCHAFFT EINEN FREIRAUM IM JETZT.

In diesem Raum ist zunächst buchstäblich nichts. Das Neue ist ja noch nicht da. Deshalb ist das, was entsteht, tatsächlich ein Freiraum im Jetzt. Weil da nichts ist, ist dieser Freiraum wie ein Vakuum. Er ist nicht einmal von etwas Unsichtbarem wie Luft gefüllt, das seinerseits von dem Neuen verdrängt werden müsste. Es ist dort einfach alles möglich, der Entfaltung innerhalb dieses Raumes sind keine Grenzen gesetzt. Es gibt keine Beschränkung der Freiheit in diesem Freiraum, hier ist Platz für alles, was denkbar ist. Nur hier sind die Gedanken wirklich frei.

Solche Freiräume entstehen tatsächlich nur im Zuge von Veränderungen. Solange alles beim Alten bleibt, ist kein Platz für Neuerungen.

Bevor die Computer in der Breite so leistungsfähig geworden sind, wie sie es heute sind, war kein Freiraum für Entwicklung von Robotik und Blockchain. Bevor große Getränkekonzerne ihre Entwicklungsabteilungen heruntergefahren haben, konnten sich kreative Brauer nicht auf den Verkauf von guten Ideen fokussieren. Bevor die Zahl der Kinobesucher sank, wäre der Gedanke an den Umbau in eine Zauberarena nie aufgekommen.

Je mehr Veränderungen geschehen, desto mehr Freiräume für die eigene Gestaltung eröffnen sich. Wer gestalten möchte, für den ist diese Vorstellung wunderbar. Hat er doch alle Freiheit, diese leeren Räume nach seinen Bedürfnissen zu füllen.

Vielleicht erinnern Sie sich an das Zitat vom Anfang des Kapitels: „Wer die Zukunft liebt und die Veränderung mag, für den sind es wunderbare Zeiten!" Die Zukunft zu lieben und die Veränderung zu mögen, ist für mich gleichbedeutend mit dem Wunsch und dem Willen, das Kommende aktiv zu gestalten.

GESTALTUNGSWILLE TRIFFT AUF MEHR FREIRÄUME DENN JE.

Und ich sehe, dass dieser Gestaltungswille heute auf mehr Freiräume denn je trifft.

„Aber halt, Herr Zintl!", ermahnt mich der Zögernde streng. „Ihnen entgeht da etwas!"

„Aha", antworte ich freundlich, „Was entgeht mir denn Ihrer Ansicht nach?"

„Geben Sie doch zu: Der Freiraum allein verheißt nicht automatisch etwas Gutes", ereifert er sich.

„Da haben Sie recht", antworte ich, „Es ist nicht automatisch für uns alle positiv, was da entsteht."

Er nickt: „Na also, habe ich es doch gesagt. Die Zeiten sind schwierig."

„Moment", entgegne ich ihm, „zu den Freiräumen kommt ja etwas hinzu. Der Einzelne hatte noch nie so viele Möglichkeiten, sich aktiv einzubringen und positiv zu gestalten. Darf ich Ihnen erklären, was ich meine?"

Er antwortet nicht.

WEISST DU, WIE VIEL STERNLEIN STEHEN?

Nicht nur die Zahl der Freiräume ist über die letzten Jahre exponentiell gestiegen. Die Entwicklung hat noch etwas anderes in Gang gesetzt: Die Möglichkeiten des Einzelnen, sich an deren Gestaltung zu beteiligen, sind ebenso gewachsen.

DIE MÖGLICHKEITEN DES EINZELNEN, SICH AN DER GESTALTUNG ZU BETEILIGEN, SIND GEWACHSEN.

Früher waren die Optionen eines Individuums stark limitiert. Nur Privilegierte oder ausgewählte Genies konnten Einfluss nehmen. Heute stehen so vielen Menschen wie noch nie die nötigen Voraussetzungen zur Verfügung, positive Entwicklungen anzustoßen. In dieser Breite wäre das noch vor wenigen Jahren undenkbar gewesen. Viele haben zumindest theoretisch alle Mittel dazu, wie ich Ihnen in verschiedenen Bereichen vor Augen führen möchte.

Beginnen möchte ich beim Thema Zugang zu Wissen. Dieser Zugang ist so frei wie nie und er ist so einfach wie nie. Sie brauchen gar nicht in die Zeiten des Mittelalters zurückgehen, in denen 95 Prozent der Menschen nicht Lesen und Schreiben konnten, in denen das meiste Wissen nur auf Latein verfügbar war und Bücher nur als handgeschriebene Folianten in den Klöstern verfügbar waren. Sicher haben schon der Buchdruck, die allgemeine Schulpflicht und die Demokratisierung von Wissen in den letzten Jahrhunderten viel dazu beigetragen, dass Informationen nicht mehr ausschließlich ausgewählten Geistlichen und Adeligen zugänglich sind. Der echte Durchbruch in Sachen Zugänglichkeit von Wissen kam allerdings erst mit dem Internet.

Ich erinnere mich gut an meine Lehrzeit. Selbstverständlich bin ich immer wieder zu Marktforschungszwecken ausgeschickt worden, um das Konditionstableau in den Aushängen anderer Banken abzuschreiben. Als ich kürzlich den Sohn eines Bekannten, der gerade ein Praktikum bei uns in

Doch das Bild hat sich innerhalb von wenigen Jahren auf großartige Weise zum Positiven verändert. Um mit eigenen Augen zu sehen, was zu dieser Veränderung geführt hat, bin ich gemeinsam mit Vertretern der Stadt und der Hochschulleitung von Mittweida 2018 dorthin gereist. Und schon mit der Ankunft dort durften wir den wichtigsten Baustein in dieser Entwicklung erleben. Wir waren von Berlin in die dänische Hauptstadt Kopenhagen geflogen. Und gerade mal dreißig Minuten nach der Landung stiegen wir im schwedischen Malmö aus dem Zug – so schnell überbrücken Sie heute im wahrsten Sinne des Wortes die Grenze zwischen beiden Ländern.

Denn 1991 hatten die Regierungen von Dänemark und Schweden ein Kooperationsabkommen zum Bau einer Brücke vereinbart. Diese sollte den Öresund, die Meerenge zwischen den beiden Ländern, auf einer Länge von fast acht Kilometern überspannen. Ziel war es, die Metropolregion Kopenhagen mit dem wirtschaftlich schwachen Malmö zu verbinden.

Seit Fertigstellung der Brücke im Jahr 2000 hat diese Vernetzung über staatliche Grenzen hinweg beiden Seiten große Vorteile gebracht. Sie hat den Transport in der Region revolutioniert, die Arbeitslosenrate ist massiv gesunken, ganze Stadtteile wurden neu gegründet. Als IKEA nach einem geeigneten Platz für seine neue Großzentrale des administrativen Kerngeschäfts suchte, fiel die Wahl auf einen dieser neuen Stadtteile. Ausschlaggebend für den Zuschlag war die Nähe zu dem großen Flughafen. IKEA fliegt im Jahr rund 65.000 Besucher und Mitarbeiter aus anderen Ländern ein.

OHNE DIESE VERNETZUNG HÄTTE SICH MALMÖ NICHT SO ENTWICKELN KÖNNEN.

Sicher ist, dass sich Malmö ohne die Vernetzung mit der dänischen Seite nicht in dieser Weise hätte entwickeln können. Und Kopenhagen übrigens auch nicht. Es hat von dieser Kooperation ebenfalls erheblich profitiert.

Kopenhagens Problem in den 1990er-Jahren war, dass es aus allen Nähten platzte. Die Preise für Wohnungen stiegen. Die Wirtschaft stockte, weil es auf der dänischen Seite nicht genügend Arbeitskräfte gab. Und Pendeln von Schweden aus, wo die Arbeitslosigkeit hoch war, war viel zu zeitraubend.

Der Brückenbau war die Lösung. Seither pendeln Tausende Arbeitnehmer täglich von der schwedischen auf die dänische Seite. Umgekehrt zogen Tausende Kopenhagener, vor allem junge Familien, auf die schwedische Seite, weil es dort noch bezahlbaren Wohnraum gab. Die Lage auf beiden Seiten des Öresund entspannte sich durch die Verbindung der beiden Länder.

So sieht eine echte Kooperation aus. Und nicht so, wie in dem Witz, den meine Tochter aus der Schule mitgebracht hat. In dem sagt die Henne zum Schwein: „Wollen wir nicht kooperieren?“ Das Schwein fragt: „Wie denn?“ Das Huhn antwortet: „Wir könnten Schinken mit Ei machen.“

Scherz beiseite: Wenn in einer Kooperation nur einer den Nutzen hat, dann ist es keine. Eine solche Verbindung wird auch nicht lange Bestand haben.

Die Vernetzung zu beiderseitigem Nutzen dagegen hat großes Potenzial, gerade dann, wenn die Welt sich verändert und erheblich in Bewegung gerät. Brücken bringen Dinge zusammen, die vorher nicht zusammen waren. Daraus entstehen Chancen, die einer allein nicht gehabt hätte.

DURCH BRÜCKEN KOMMEN DINGE ZUSAMMEN, DIE VORHER NICHT ZUSAMMEN WAREN.

Die Erfahrung in Malmö hat uns, die Delegation aus Mittweida, tief beeindruckt. Deshalb haben wir unseren gemeinsamen Kongress zur Digitalisierung im Sommer 2019 unter das Motto des Brückenbaus gestellt. Der Bau von Brücken ist einer der entscheidenden Erfolgsfaktoren für die Gestaltung der Zukunft und zwar im realen wie im übertragenen Sinne ...

VERNETZUNG MIT UND OHNE

Die globale Vernetzung über physische Warenströme ist längst Realität. Transport ist faktisch kein Problem mehr. Jeder Endverbraucher kann weltweit Produkte beziehen. Wenn Sie heute etwas auf Amazon bestellen, dann wundern Sie sich schon lange nicht mehr, von wo überall die Ware herkommt. Ob es aus dem Ausland oder von um die Ecke stammt: Es macht keinen Unterschied mehr. Und was für den Import gilt, gilt umgekehrt für den Export: Sie können Ihre Produkte in kürzester Zeit in die ganze Welt liefern.

Darüber hinaus bekommt das Thema der Produktverfügbarkeit noch einmal eine ganz andere Facette, wenn Sie an die aufkommende Technologie des 3-D-Drucks denken. Diese wird den physischen Versand immer häufiger unnötig machen. Was das an Veränderung für unseren Warenverkehr bedeutet, ist noch nicht abzusehen. Die Chancen aber sind offensichtlich. Stellen Sie sich vor, Sie sind verantwortlich für die Flugzeugflotte Ihres Unternehmens. Eines Ihrer Flugzeuge steht am Standort B und die

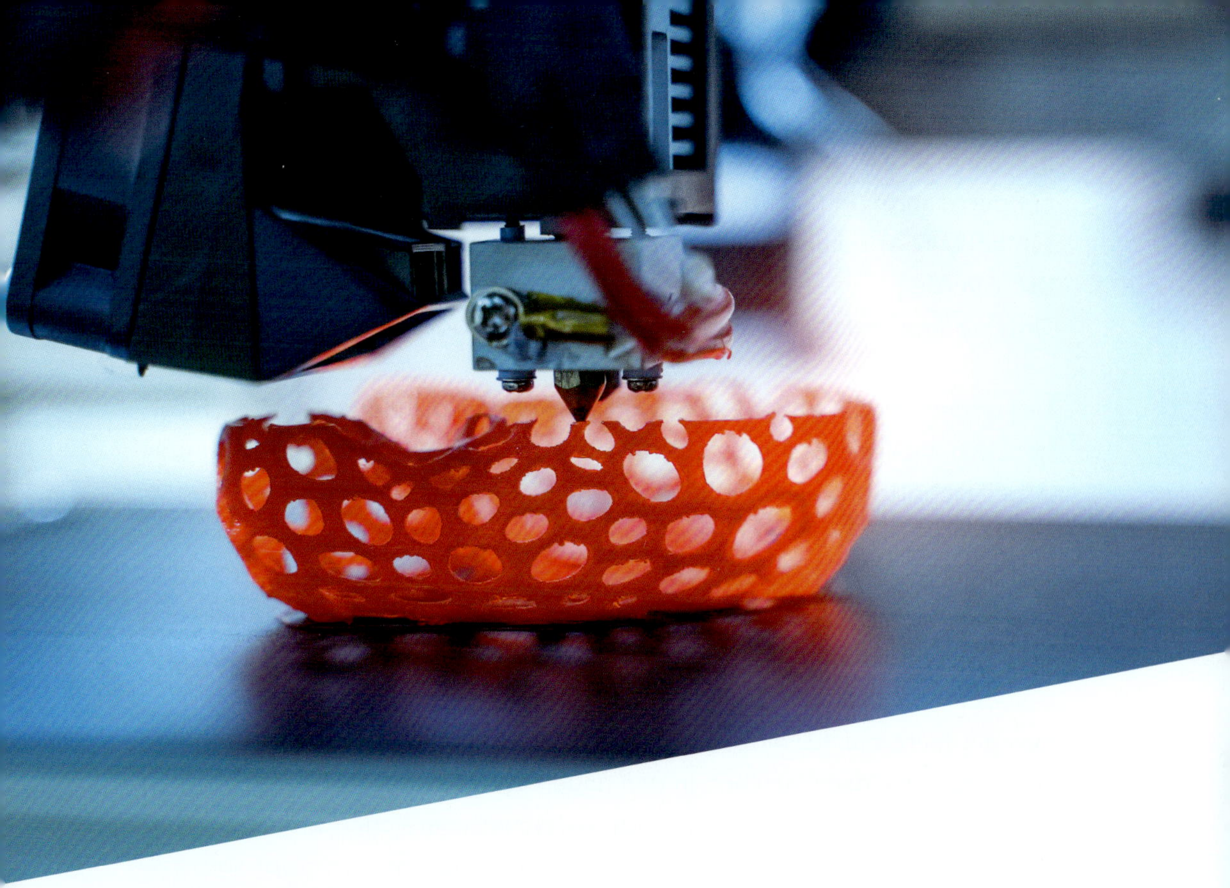

Ingenieure vor Ort stellen fest: Eine sicherheitsrelevante Schraube muss ausgetauscht werden. Leider haben Sie diese Schraube nur an Standort A vorrätig, 5000 Kilometer weit weg. Anstatt die Schraube auf die zeitraubende Reise zu schicken, wird es genügen, Ihren Ingenieuren die Software per Datentransfer zugänglich zu machen. Wenige Druckminuten später haben diese, was sie brauchen.

Durch neue Technologien werden physische und virtuelle Welt immer weiter vernetzt. Durch ihre Verbindung entstehen ganz neue Möglichkeiten.

Doch es ist nicht nur Technologie, die durch Vernetzung Unternehmen und Individuen neue Optionen eröffnet. Es ist auch die Ablösung von altem Denken. Ulrich Weinberg, Leiter der „School of Design Thinking" am Hasso-Plattner-Institut in Potsdam, hat einen sehr schönen Begriff dafür geprägt. Er nennt dieses alte Denken das Brockhaus-Denken. In dem ehrwürdigen Lexikon war die Welt schön von A bis Z eingeordnet, jeder Begriff hatte seinen festen Platz.

DIE ABLÖSUNG VON ALTEM DENKEN ERMÖGLICHT VERNETZUNG.

In diesem Ordnungsbestreben haben sich die Unternehmen in den letzten hundert Jahren in Silos aufgestellt: auf den verschiedenen Etagen, in verschiedenen Abteilungen, über zahllose Hierarchiestufen. Streng systematisch wurden Prozesse aufgesetzt und Punkt für Punkt von denen, die laut Organigramm zuständig waren, nacheinander abgearbeitet.

Dieses Denken geht aber immer weniger auf, weil die Marktrealität sich verändert hat. Diese lässt sich nicht mehr nach dem Prinzip der Einteilung in Arbeitsschritten, Zuständigkeiten, Entscheidungsbefugnissen bewältigen. Bleiben Sie gefangen im Brockhaus-Denken, können Sie die Geschwindigkeit nicht erreichen, die heute nötig ist. Ermöglicht wird dieses Tempo durch die Vernetzung der unterschiedlichsten Bereiche und die Auflösung von starren Grenzen.

Das gilt nicht nur für einzelne Unternehmen. Auch die Barrieren zwischen den Branchen lösen sich auf. In den neuen Wertschöpfungsketten tauchen Player aus den unterschiedlichsten Wirtschaftsbereichen auf. Das eröffnet neue Chancen für diejenigen, die ihren Brockhaus im Kopf wegstellen können und übergreifend denken, die über ihren Tellerrand schauen und von anderen lernen. Cross Learning und Cross Industry Innovation sind die Stichworte dazu. Sie müssen nicht alles neu erfinden, Sie können vieles einfach schlau adaptieren. Das eröffnet gerade für den Mittelstand große Potenziale.

Mit dem Wegfall des Brockhaus-Denkens verändern immer mehr Unternehmen ihre Arbeitsweise. Sie werden agiler, die Abläufe werden weniger linear, sie passieren oft sogar parallel. Lebendige, flexible Strukturen entstehen. Und Kollaboration ist eines der Schlüsselworte.

ES ENTSTEHT BEWEGUNG IN DEN KÖPFEN.

Es entsteht Bewegung in den Köpfen und in den Unternehmen, die den Boden für positive Gestaltung bereiten kann. Wer nicht mehr nur an Altem festhält, kann Vorstellungen für Neues entwickeln. Ich finde das wunderbar. Und was mich wirklich optimistisch stimmt, ist meine Beobachtung, dass bei immer mehr Menschen diese Bewegung im Kopf entsteht und damit auch die innere Bereitschaft für solche Vernetzung und Kooperation. Sie öffnen sich für die Möglichkeiten, die sich ihnen bieten.

HANDELSSTRASSEN DURCHS WOHNZIMMER

Im Mittelalter gab es innerhalb der Bevölkerung große Unterschiede in der Bereitschaft zur Vernetzung. Wer entlang von Handelsstraßen lebte, begegnete Fremden mit deutlich mehr Offenheit als diejenigen, die selten oder nie mit Menschen aus anderen Kulturkreisen Kontakt hatten. Das setzte sich auch in den folgenden Jahrhunderten fort. Die Bewohner ländlicher Gebiete galten als wesentlich weniger aufgeschlossen gegenüber Neuem als die Städter.

Meinem Eindruck nach stimmt das schon lange nicht mehr. Meine Erklärung dafür ist, dass die Handelsstraßen heute bildlich gesprochen durch jedes Wohnzimmer verlaufen. Via Internet kommen wir in direkten Kontakt. Radio und Fernsehen fungieren schon lange als Fenster zur Welt – allerdings per festgelegtem Programm, Einbahnstraße und mit wenig Gestaltungsmöglichkeit für den Zuschauer. Über das Internet kann jeder von uns heute individuell genau das Fenster öffnen, das ihn gerade interessiert, und seine eigene Vernetzung vorantreiben. Sie wollen bei einem potenziellen Geschäftspartner in Kolumbien per Videoschaltung vorfühlen? Sie tun es einfach. Sie wollen direkt im Katalog des thailändischen Schmuckherstellers blättern? Sie tun es einfach. Sie wollen die Liveübertragung einer Konferenz in Kuala Lumpur verfolgen, weil Sie keine Zeit haben, hinzureisen? Sie tun es einfach.

JE MEHR MENSCHEN ZUR VERNETZUNG BEREIT SIND, DESTO WAHRSCHEINLICHER FRUCHTEN DIE INITIATIVEN EINZELNER.

Es war schon immer so, dass viele gemeinsam mehr erreichen können als einer allein. Je mehr Menschen zur Vernetzung bereit sind, desto wahrscheinlicher treffen entsprechende Initiativen von Einzelnen auf offene Ohren und Arme. Diese Bereitschaft geht auch Hand in Hand mit einer Bereitschaft, die noch viel weitreichendere Folgen hat. In der Kombination stellen die beiden zusammen den Löwenanteil dessen, was die Möglichkeiten des Einzelnen heute so vielfältig und die Zeiten wunderbar macht. Ich spreche von der grundsätzlichen Bereitschaft, sich auf Veränderung einzulassen.

DER HEBEL, DEN EIN EINZELNER BEWEGEN KANN, IST GRÖSSER ALS JE ZUVOR.

STEINZEIT

MITTELALTER

HEUTE!

mittelalterlichen Menschen lassen sich mit der Wegstrecke vergleichen, die Sie an einem Tag mit dem Fahrrad zurücklegen können. Unser Hebel heute lässt uns die Tagesstrecke eines Flugzeuges bewältigen. Und das ist wunderbar.

Es ist aus meiner Sicht auch dringend nötig, die Möglichkeiten zu nutzen, und zwar, weil nichts Geringeres davon abhängt als die menschliche Gestaltung unserer Zukunft.

WAS ÜBRIG BLEIBT

Die Befürchtungen, die mit der Automatisierung verbunden sind, brauche ich Ihnen nicht ausführlich darzulegen, denn Sie kennen sie längst: Die Menschen haben Angst, ihren Job an eine Maschine zu verlieren. Sie haben Angst, als Kunde nicht mehr einer Verkäuferin, sondern einem Computer gegenüberzustehen. Sie haben Angst, dass die menschliche Wärme in einer digitalen Welt verloren geht.

Ich kann diese Sorgen verstehen, denn so genau weiß keiner, wie es werden wird. Doch ich denke, dass die Automatisierung uns eine nie gekannte Chance eröffnet. Das, was übrig bleibt, wenn alles, was uns Maschinen abnehmen können, auch von Maschinen erledigt wird, ist Zeit für unser größtes Anliegen: den Menschen.

DIE AUTOMATISIERUNG LÄSST UNS ZEIT FÜR UNSER GRÖSSTES ANLIEGEN: DEN MENSCHEN.

Die Automatisierung eröffnet die Möglichkeit, dass wir alle stupiden Prozesse nicht mehr von Menschen erledigen lassen müssen. Wir können endlich unser großes menschliches Potenzial da einsetzen, wo es viel mehr gebraucht wird als bei mechanischen Arbeiten. Nämlich da, wo Kreativität, Empathie und emotionale Intelligenz gefordert sind. Sprich, all die menschliche Kraft, all den Freiraum, den wir gewinnen, weil Computer die algorithmischen Aufgaben übernehmen, können wir nutzen, um diese Welt menschlich zu gestalten.

Wenn zum Beispiel in der Bank der Berater nicht mehr Stunden für das Ausfüllen und Berechnen von Kreditanträgen braucht, sondern der Computer die Rechnerei übernimmt, dann bleibt ungleich mehr Zeit für das Gespräch. Oder wenn die Krankenschwester, der Arzt oder der Physiotherapeut sich auf die menschliche Zuwendung konzentrieren kann statt auf die Abrechnung. Oder wenn der Arbeiter beim Autozulieferer sich nur noch mit den spannenden Sonderproduktionen befassen kann und nicht mehr im Schichtbetrieb der Eintönigkeit ausgeliefert ist.

Ich finde diese Aussicht großartig. Der Freiraum dafür wird sich eröffnen, wir haben alle Möglichkeiten, ihn im Sinne der Menschen zu gestalten. Doch wir müssen es auch tun!

WENN NICHT WIR ...

Erinnern Sie sich bitte an das Bild vom Vakuum, das ich Ihnen weiter oben beschrieben habe: Ein neu entstandener Freiraum ist tatsächlich zunächst frei von allem. Haben Sie schon einmal eine vakuumierte Packung geöffnet? Sobald Sie sie an irgendeiner Stelle öffnen, strömt die Luft hinein. Sie müssen die Tüte nicht drücken, Sie müssen sie nicht schütteln, Sie müssen gar nichts weiter tun. Das Vakuum erzeugt von sich aus einen Sog, die Tüte füllt sich mit dem, was verfügbar ist.

Das Gleiche geschieht bei dem Freiraum, der sich durch Veränderung auftut. Sie können gar nicht verhindern, dass dort Gestaltung Einzug hält. Und wenn Sie es nicht sind, der diese Gestaltung in die Hand nimmt, ist es ein anderer. Keiner hält den Freiraum für Sie solange frei, bis Sie sich vielleicht dann doch entschließen, aktiv zu werden.

SIE KÖNNEN NICHT VERHINDERN, DASS IN EINEN FREIRAUM GESTALTUNG EINZIEHT.

Ich möchte Ihnen noch ein weiteres Bild dafür geben, damit Sie verstehen, was ich meine. Stellen Sie sich vor, es ist ein Konzert angekündigt und Sie möchten unbedingt dabei sein. Die Möglichkeit, vorab Karten zu kaufen, gibt es nicht. Wer zuerst kommt, mahlt zuerst.

Wenn die Türen zum Saal aufgehen, sind zunächst alle Stühle noch frei. Sagen wir, Sie sind der erste, der hineinkommt. Dann haben Sie die komplett freie Platzwahl. Selbst die besten Plätze sind noch nicht belegt, denn es gibt ja keine Reservierungen. Sie können sogar noch die Stühle nach Ihren Wünschen umarrangieren.

Doch während Sie noch nachdenken, ob Sie wirklich in die erste Reihe möchten oder doch lieber in die zweite oder in die Mitte, sind weitere Besucher in den Saal geströmt. Die haben kurzentschlossen einige Stühle besetzt. Ihre Auswahlmöglichkeiten sind damit gesunken, an ein großes Stühlerücken Ihrerseits ist nicht mehr zu denken. Und wenn Sie noch länger warten, sind bald nur noch Restplätze frei - oder vielleicht auch keine mehr. Denn irgendwann ist der Saal voll und Sie können höchstens noch andere Besucher verdrängen. Das ist anstrengend und wird nicht gern gesehen, also lassen Sie es und ziehen frustriert wieder ab. Das Konzert wird ohne Sie stattfinden.

DIE, DIE DIE FREIRÄUME GARANTIERT NUTZEN, SIND DIE INTERNATIONALEN GELDSTRÖME.

Die Tatsache allein, dass zu Beginn alle Stühle frei waren, dass der Freiraum zur Gestaltung für Sie da war, heißt also nicht, dass Sie automatisch bei dem Konzert dabei sind. Das ist in dem Fall des Konzerts bedauerlich, aber nicht tragisch. In der Realität kann so ein Versäumnis dagegen verhängnisvoll sein. Denn die, die garantiert bereitstehen, um die aktuell entstehenden Freiräume zu nutzen, sind die internationalen Geldströme. Es ist das Silicon-Valley-Venture-Capital, das überall auf der Welt darauf lauert, genau in diese Lücken vorzustoßen.

Ihr Ziel ist klar, ausschließlich und kein Geheimnis. Es geht ihnen um Rendite.

Entsprechend wird ihre Gestaltung des Freiraums genau auf dieses Ziel ausgerichtet sein. Und wenn es darum geht, auf welcher Basis die Entscheidungen getroffen werden, wie diese Gestaltung aussehen soll, dann ist das immer der Renditewunsch der Anleger. Alle anderen Kriterien treten dahinter zurück.

Im deutschen Grundgesetz steht, dass Eigentum verpflichtet und dass sein Gebrauch zugleich dem Wohle der Allgemeinheit dienen soll. Dieser Verpflichtung unterliegt solches Risikokapital nicht. Auch unter den Kapitalgesellschaften gibt es natürlich viele, die neben der Rendite auch eine gewisse gesellschaftliche, soziale oder ökologische Verantwortung übernehmen. Doch verlassen können Sie und ich uns darauf nicht. Joe Kaeser, Siemens-Chef, hat im Juli 2018 gesagt: „Das ‚Casino' ist wieder offen – und doch größer, schlauer und rücksichtsloser als in den Jahren vor der Finanzkrise."

NUR WENN WIR SELBST DIE INITIATIVE ERGREIFEN, ENTSTEHT AUS DEN WUNDERBAREN ZEITEN SICHER ETWAS WUNDERBARES.

Deshalb halte ich es nur dann für sicher, dass diese wunderbaren Zeiten, die wir erleben, in einem positiven Sinne genutzt werden, wenn wir selbst die Initiative ergreifen. Wenn wir es nicht anderen überlassen, die Gestaltung unserer Zukunft zu übernehmen.

Deshalb bin ich so dafür, dass wir aus diesen wunderbaren Zeiten etwas Wunderbares machen. Denn ich bin überzeugt, dass wir das können. Wenn Sie wissen wollen, warum ich so davon überzeugt bin und wie Sie und ich zu diesen 100.000 Wirtschaftswundern beitragen können, dann folgen Sie mir durch die nächsten Kapitel.

WENN EINER DIE IDEE HAT …

Ich sitze an meinem Schreibtisch und habe einen großen Ordner mit einer Unmenge an Kopien aufgeschlagen. Ich bin seit letztem Jahr 2. Vorsitzender des Heimat- und Kulturvereins Waldeck. Und als ich nach den alten Unterlagen fragte, hieß es: „Die kann ich dir gerne zur Verfügung stellen."

Schon mit den ersten Arbeiten zur Freilegung der Burg kam die Idee auf, die Kapelle dort oben wieder aufzubauen. Der Verein hatte den Gedanken sogar aktiv vorangetrieben. Er betraute Mitglieder damit, sich Gedanken zu machen, wie der kleine Kirchenbau wohl einmal ausgesehen hatte. Und er unterstützte die Diplomarbeit des Historikers, der im Auftrag des Landesamtes für Denkmalpflege Quellenforschung betrieb.

Und er gab Mitte der 1990er-Jahre – also einige Jahre vor meiner Zeit in Waldeck – tatsächlich bereits erste Pläne in Auftrag. Doch als die Zeichnungen vorlagen und auch erste Berechnungen über die Kosten von über 850.000 D-Mark, schauten sich die Mitglieder gegenseitig an und schüttelten den Kopf: „Das kriegen wir hier vor Ort nie gestemmt." Und wirklich: Alle ihre Versuche, das Vorhaben zu finanzieren, scheiterten.

Damit war die Idee vom Tisch, das Projekt für unrealisierbar erklärt. Die Pläne waren nur noch fein säuberlich abgeheftet worden.

So blättere ich mich nun Seite für Seite durch die Ergebnisse der Quellenforschung, die Skizzen und Pläne, die Kostenschätzungen, die Notizen dazu.

Da hat sich etwas angesammelt. Vor allem Jahreszahlen aus den frühen und mittleren 1990er-Jahren erfasse ich. Zwischen den Zeilen lese ich von dem Herzblut, dass in dieser Zeit in die Idee geflossen war. Und ich ahne auch die Enttäuschung, als die Pläne ad acta gelegt wurden.

Dann bin ich mit dem Blättern durch, klappe den Ordner zu und schaue aus dem Fenster. ‚Ich bin überzeugt, es geht', denke ich. ‚Je mehr ich mich damit beschäftige, desto mehr Energie spüre ich. Wir können das schaffen – wir, der Heimat- und Kulturverein von Waldeck! Obwohl wir klein sind, können

wir Großes bewegen. Wenn wir daran glauben ...' Meine Hand streicht über den Ordner mit den Plänen. ,... und die richtigen Leute dafür gewinnen, denn alleine schaffen wir es nicht. Wir brauchen die Unterstützung der Stadt, der die Burg gehört. Wir brauchen Genehmigungen von Behörden, die uns nicht wohlgesinnt sind. Und vor allem brauchen wir Geld.' Halblaut murmele ich vor mich hin: „Es ist eine Menge Geld, die wir brauchen."

Ich stelle mir wieder den Glockenton vor, der vom Schlossberg nach Waldeck herunterschallt und spüre die Kraft, die von dem Gedanken ausgeht. Mit einem breiten Grinsen im Gesicht klatsche ich mit der flachen Hand auf den Ordnerdeckel und sage laut: „Dieses Problem kriege ich gelöst. Wenn alle meinen ,Das geht nicht', dann hat es wahrscheinlich noch keiner wirklich versucht. Doch genau das werden wir jetzt tun ..."

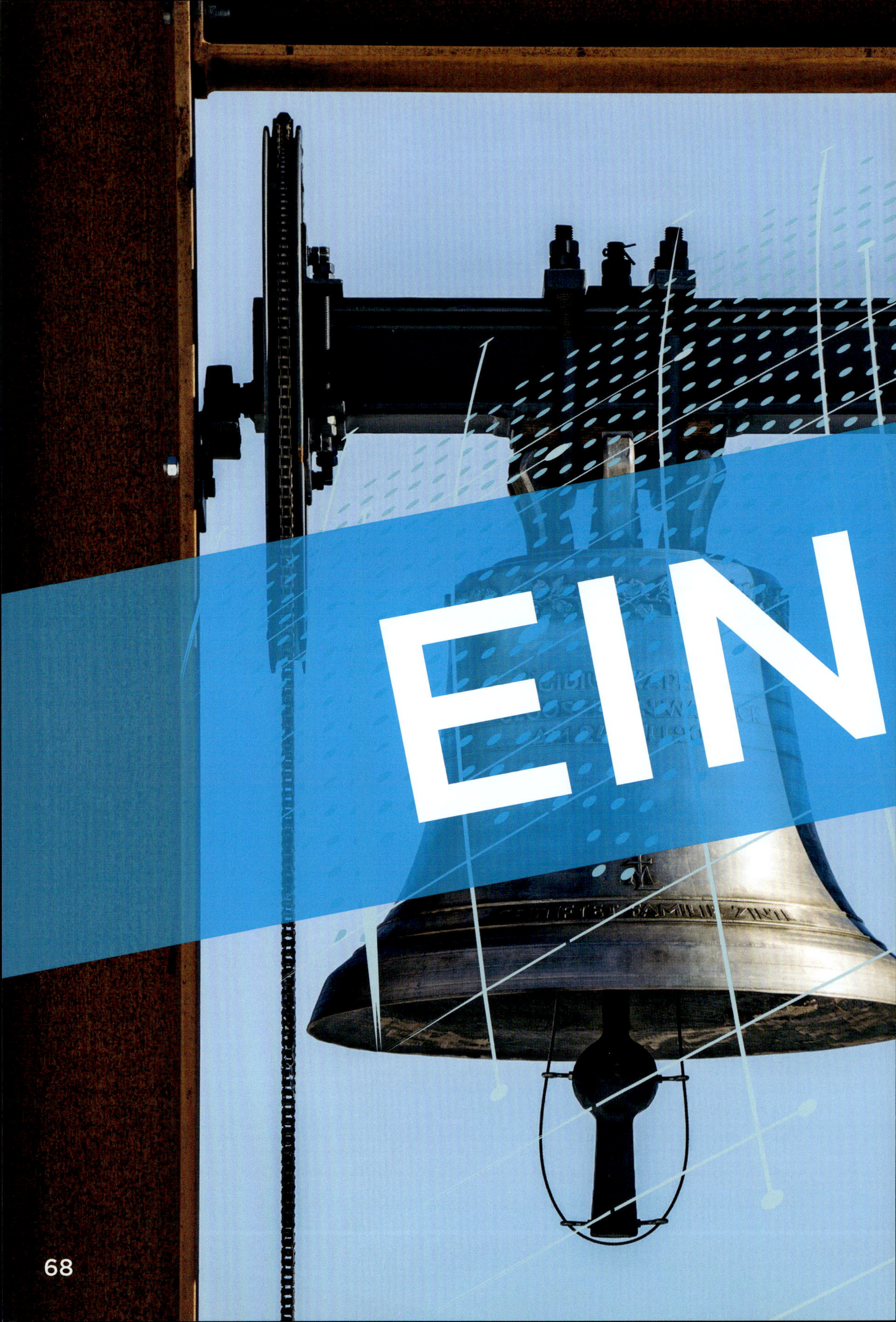

EIN

FACH

3.

WER DIE WELT WIRKLICH VORANBRINGT

„In dir muss brennen, was du in anderen entzünden willst."

AUGUSTINUS

Halt! Da fällt mir noch etwas ein. Wir haben noch gar nicht darüber gesprochen, was ein Wirtschaftswunder überhaupt ist. Wenn das Stichwort fällt, denken die meisten erst einmal an die Nachkriegszeit in Deutschland und Österreich. Nachdem die Trümmer alle weggeräumt waren, spuckten die Menschen in die Hände, packten an, ohne lange zu überlegen, und sorgten für ein starkes Wirtschaftswachstum. Die Welt staunte.

Das war eine großartige Leistung, doch, wenn ich den Begriff hier verwende, geht es mir um einen anderen Punkt. Damit Sie verstehen, was ich meine, stellen Sie sich bitte eine Deutschlandkarte vor. Und jetzt überlegen Sie: Wo liegt Weißenhorn? Oder Weiherhammer? Oder Duderstadt? Oder Wedemark-Wennebostel? Ich gebe zu, wenn Sie mir diese Aufgabe gestellt hätten, hätte ich es bis auf einen Ort nicht aus dem Stand gewusst. Und dieser eine, Weiherhammer, ist mir nur deshalb geläufig, weil er nur eine knappe halbe Autostunde von meinem Geburtsort Themenreuth entfernt liegt.

WO LIEGT WEISSENHORN?

Lassen Sie mich Ihnen also eine Vorstellung von der Verteilung der Orte auf der Landkarte geben: Weißenhorn liegt bei Neu-Ulm, ganz nah an der bayerischen Grenze zu Baden-Württemberg. Duderstadt liegt im Harzvorland. Wedemark-Wennebostel ist in der Nähe von Hannover. Und Weiherhammer befindet sich in der schönen Oberpfalz, nicht weit von der tschechischen Grenze.

Dass diese Namen Ihnen und mir nicht unbedingt bekannt sind, ist eigentlich erstaunlich. Die Orte haben nämlich eines gemeinsam. In diesen Gemeinden sind große Firmenzentralen angesiedelt – und zwar nicht irgendwelcher Firmen. Jedes dieser Unternehmen ist in seinem Bereich ein Marktführer.

Wir beide brauchen uns trotzdem nicht für unsere vermeintlichen Wissenslücken zu schämen, denn diese Firmen sind alle sogenannte Hidden Champions. Den Begriff hat 1990 der Wirtschaftsprofessor Hermann Simon geprägt. Er bezeichnet damit Unternehmen, die in ihrer Branche unter den ersten drei auf dem Weltmarkt oder die Nummer eins auf ihrem Heimatkontinent sind und trotzdem in der Öffentlichkeit kaum bekannt sind.

WER ERWEITERT DEN PANAMA-KANAL?

So sitzt in Weißenhorn die Firma PERI. Das sind Spezialisten für Schalungs- und Gerüstsysteme – also für alles, was Bauunternehmen weltweit für das Drumherum bei der Errichtung und Sanierung von Gebäuden brauchen. Der bisher größte Coup gelang dem Unternehmen mit dem Ausbau des Panama-Kanals 2014, für den es eine riesige Menge an Spezialanfertigungen geliefert hat.

Nicht weit von meinem ursprünglichen Heimatort steht in Weiherhammer die BHS Corrugated. Sie ist mit einem Marktanteil von rund 50 Prozent Weltmarktführer für Wellpappenanlagen.

Duderstadt ist Heimat der Unternehmensgruppe Ottobock, ein global agierender Medizintechnikhersteller. Ihre mikroprozessorgesteuerten Prothesenlösungen haben Standards gesetzt. 7000 Mitarbeiter arbeiten weltweit daran, Menschen mit Handicap mehr Mobilität und damit Eigenständigkeit zu ermöglichen.

Und Wedemark-Wennebostel? Dort sitzt Sennheiser. Die Firma gilt als weltweit führender Mikrofonhersteller. Weltstars wie Madonna, Pink oder Beyoncé greifen auf der Bühne zu ihren Produkten.

Jedes dieser Unternehmen für sich hat schon etwas von einem Wirtschaftswunder, aber das meine ich noch nicht. Denn jetzt stellen Sie sich nochmal die Deutschlandkarte vor und setzen für jeden dieser vier „verborgenen Sieger" einen Punkt darauf. Die Punkte sind ziemlich weit in der Fläche verteilt, nicht wahr?

DIESE HIDDEN CHAMPIONS SIND WEIT IN DER FLÄCHE VERTEILT.

Wenn Sie nun für alle Hidden Champions, die es in Deutschland gibt, so einen Punkt setzen würden, könnten Sie eines beobachten. An der breiten Streuung ändert sich nicht viel. Die Firmen sitzen in den Städten genauso wie in den ländlichen Regionen, kein Bundesland ist ausgespart.

Und noch etwas können Sie an dieser Karte ablesen: Es sind sehr, sehr viele Punkte. Deutschland hat jede Menge unbekannte Weltmarktführer aufzuweisen. Über 1.300 waren es laut einer Studie aus dem Jahr 2016. Eine beeindruckende Zahl. Deutschland liegt mit dieser Zahl im weltweiten Vergleich auch an der Spitze. Doch es kommt noch besser ...

DIE HIDDEN CHAMPIONS SIND NUR DIE SPITZE DES EISBERGS.

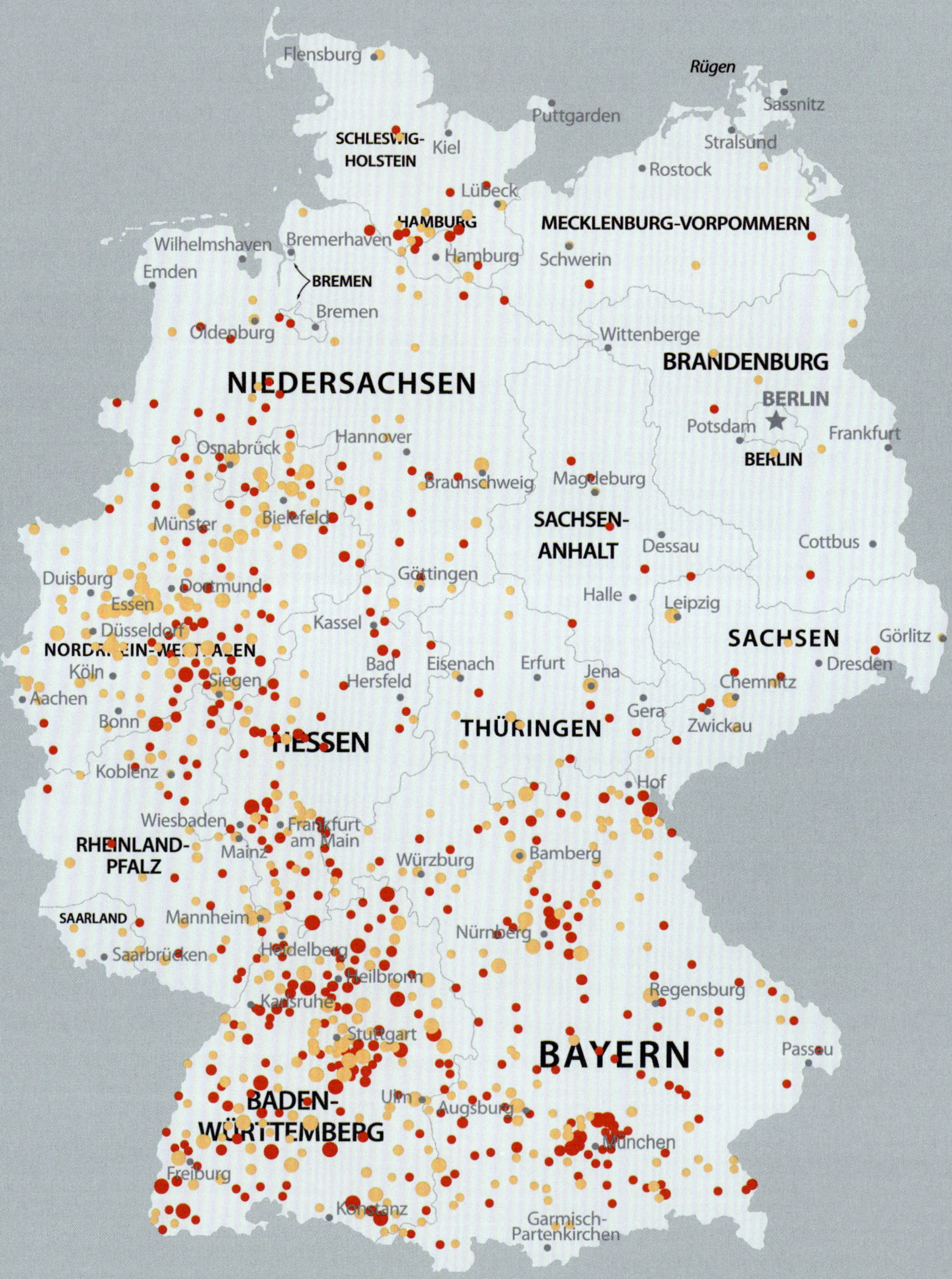

UNTERNEHMENSSITZE VON HIDDEN CHAMPIONS

- KLEINSTÄDTE
- GROSSSTÄDTE, MITTELSTÄDTE, LANDGEMEINDEN

Datenbasis: Prof. Dr. Bernd Venohr „Datenbank Deutscher Weltmarktführer“ & Weissman-Gruppe für Familienunternehmen, Ergänzungen und eigene Recherchen des Leibniz-Instituts für Länderkunde, Lagetypen des BBSR

Geometrische Grundlage: Verbandsgemeinden (generalisiert), 31.12.2016 © GeoBasis-DE/BKG Bearbeitung: G. Krischausky

Unternehmenssitze von Hidden Champions in Kleinstädten und in Deutschland, Quelle: BBSR 2018

CHAMPION DER CHAMPIONS

Noch mehr beeindruckt war ich von dieser Zahl, als ich erfahren habe, dass die USA, die in dieser Statistik an der zweiten Stelle liegen, nur etwa 360 Hidden Champions aufzuweisen haben. Deutschland ist mit Abstand Weltmarktführer im Bereich der unbekannten Weltmarktführer.

Alles Wirtschaftswunder? Ja, aber ich möchte den Begriff tatsächlich noch weiter fassen. Denn die Hidden Champions sind nur die Spitze des Eisbergs, was die Wirtschaftswunderkraft Deutschlands angeht. In der Masse getragen wird diese Kraft von den vielen, vielen kleinen und mittelständischen Unternehmen.

Fast zwei Drittel von Deutschlands Arbeitnehmern finden bei ihnen Lohn und Brot, in manchen Branchen übertrifft ihr Umsatz den der Großunternehmen bei Weitem. Und auch im Exportgeschäft mischen sie kräftig mit.

Es war die Vielzahl der kleinen und mittelständischen Firmen, die dafür gesorgt hat, dass in Deutschland nicht nur in wenigen Ballungszentren die Wirtschaft nach dem Krieg wieder angelaufen ist und eine Blüte erlangt hat, von der wir heute noch profitieren. Sie sind an Orten entstanden, an denen sie keiner vermutet hätte, sie sind unter

Umständen entstanden, die keiner für möglich gehalten hätte. Jedes von diesen von nachhaltigem Erfolg geprägten Unternehmen ist für mich ein Wirtschaftswunder im eigentlichen Sinne. Es kommt nicht auf die Größe an, denn Größe ist immer nur eine Frage der Relation. Auch die kleinste Erfolgsgeschichte ist und bleibt eine Erfolgsgeschichte.

Und selbst jeder Champion hat einmal klein angefangen. Sehr klein sogar. Denn kehren Sie mit mir nochmal nach Weißenhorn, Weiherhammer, Duderstadt und Wedemark-Wennebostel zurück. Wie sahen die Anfänge der heutigen Marktführer aus?

Artur Schwörer, der Gründer von PERI, stammte aus einer kinderreichen Familie von der ländlich geprägten Schwäbischen Alb, absolvierte brav eine Schreinerlehre und hängte noch ein Ingenieurstudium für Holztechnik an. Beseelt von der Überzeugung, dass seine Firma das Arbeiten auf der Baustelle schneller, einfacher und auch sicherer machen könnte, gründete er 1969 auf der grünen Weißenhorner Wiese sein Unternehmen.

In Weiherhammer gründete 1717 der zupackende Theodor Eustach Pfalzgraf ein Eisenwerk, weil die beiden Hammerwerke Philippsburg und Altenhammer bei Floß nicht mehr ausreichend Bomben und Haubitzgranaten für das kaiserliche Zeughaus in Wien herstellen konnten. Am 27. September war der Hochofen fertiggestellt und nach der Verpflichtung der Arbeiter „angelassen".

Otto Bocks Anfänge lagen dagegen in Berlin. Unter dem Eindruck der unzähligen Kriegsversehrten, die aus dem Ersten Weltkrieg heimkehrten, entwickelte der Orthopädiemechaniker eine Passteilfertigung für Prothesen. Schon kurze Zeit später zog er mit seinem Unternehmen ins heimatliche Thüringen. Und nach der Enteignung dort übersiedelten seine Nachfolger ins südniedersächsische Duderstadt.

ZU JEDEM WIRTSCHAFTS-WUNDER GEHÖRT EIN NAME.

Fritz Sennheiser wiederum war in Wennebostel eigentlich nur zufällig hängen geblieben. Dorthin war das Institut für Hochfrequenztechnik und Elektroakustik der Technischen Hochschule Hannover während des Zweiten Weltkrieges ausgelagert worden. Nach Kriegsende zog es die meisten Mitarbeiter des Instituts wieder nach Hause. Fritz Sennheiser entschloss sich jedoch, seine Ersparnisse zusammenzukratzen und vor Ort einen Handwerksbetrieb zu gründen. Zunächst produzierte er wegen der US-amerikanischen Auflagen „nur" Präzisionsmessgeräte wie Voltmeter, doch schon 1946 ergriff er die Chance, für Siemens sein erstes Mikrofon zu bauen.

Ich wette, Sie haben es bemerkt: Zu jedem Ort, zu jedem Champion, zu jedem Wirtschaftswunder gehört ein Name. Zu Beginn steht da immer einer!

DER EIN-FACHE

Das ist weder ein Zufall noch habe ich die Beispiele gezielt dahingehend ausgesucht. Es ist die Regel, dass die Initiative für eine Unternehmung von einem Individuum ausgeht. Ich sage absichtlich „Unternehmung" und nicht „Unternehmen", denn ich glaube, diese Regel gilt bei Weitem nicht nur in der Wirtschaft.

So ist die Caritas heute Deutschlands größter Wohlfahrtsverband. 1895 war es der junge Priester Lorenz Werthmann, der das „Charitas-Comité" ins Leben rief, mit dem er 1897 die Gründung des „Charitasverbandes für das katholische Deutschland" vollzog. Forderungen nach einem katholisch-caritativen Zentralverband hatte es schon länger gegeben, doch nur einer packte es an.

Die segensreichen Einrichtungen von SOS-Kinderdorf kennt jeder. Ohne Hermann Gmeiner, den das Schicksal der vielen Kriegswaisen zutiefst bewegte und der für seine Idee buchstäblich seinen letzten Groschen gab, gäbe es diese weltweit agierende Organisation nicht.

Amnesty International gäbe es nicht, wenn nicht dem Londoner Peter Benenson im November 1960 die Hutschnur geplatzt wäre. Die Zeitungsmeldung, dass in Portugal zwei Studenten verhaftet worden waren, nur weil sie öffentlich auf die Freiheit angestoßen hatten, war eine von vielen, die der Anwalt schon gelesen hatte. Aber für ihn war es eine zu viel. 1961 veröffentlichte er im Observer seinen „Appeal for Amnesty" – den Aufruf, über öffentlichen Druck die Freilassung politischer Gefangener zu erreichen.

EINER IST DA, DER EIN-FACH MACHT.

Diese Aufzählung könnte ich noch lange fortsetzen, das Muster bleibt immer gleich. Einer fängt an, die Welt voranzubringen, wo andere nur kopfschüttelnd sagen „das geht nicht" oder bestenfalls „man sollte" sagen. Ein Ein-facher ist da, der macht ein-fach ...

Warum das so sein muss und was diese Macher anders machen als andere, darauf komme ich gleich noch. Doch vorher möchte ich Ihnen noch berichten, welche Reaktion ich häufig ernte, wenn ich in kleinerem oder größeren Kreis über diese Erkenntnis spreche. Sie können sich wahrscheinlich schon denken, mit welchen Worten die Antwort beginnt.

Wenn es eine Abstimmung über die Unwort-Kombination des Jahres gäbe, wäre mein Favorit seit Langem schon „Ja, aber" - so reflexhaft, wie diese Worte kommen. Und so auch hier.

„JA, Herr Zintl, das mag schon sein, dass immer mal wieder Einzelne sich auf die Art hervortun und etwas Großes anstoßen. ABER das sind eben die Genies. Die sind begnadet, die haben Talent. Das hat man oder man hat es nicht. Ich bin - wie die meisten - nur ein ganz normaler Mensch ohne besondere Fähigkeiten."

Sie müssen wissen: Ich widerspreche ungern vehement, denn ich respektiere grundsätzlich die Meinung meiner Gesprächspartner. Doch an diesem Punkt lege ich ein deutliches Veto ein.

DAS ELEMENT

Jeder Mensch hat Talent. Jeder Mensch hat etwas, was ihn begeistert und antreibt. Jeder Mensch hat sein Element. Deshalb hat jeder Mensch das Potenzial, etwas Wunderbares zu schaffen. Das ist keine Illusion, sondern meine tägliche Erfahrung. Wenn ich mich unter den Mitarbeitern unserer Bank umsehe, wenn ich unsere Kunden durchgehe, wenn ich die vielen Menschen betrachte, die ich tagtäglich in meinem beruflichen und privaten Umfeld treffe. Jeder von ihnen hat die Anlagen dazu. Wenn Sie ganz sicher sind, dass Sie keine einzige besondere Begabung haben. Schreiben Sie ein Buch darüber, denn Sie sind der Einzige.

JEDER MENSCH HAT DAS POTENZIAL, ETWAS WUNDERBARES ZU SCHAFFEN.

Doch ich gebe zu: Nicht jeder nutzt die Gaben, die er hat. Es gibt sogar viel zu viele, die nie voll in ihrem Element sind. Sie gehen an keine Aufgabe, weder beruflich noch privat, mit Begeisterung heran, weil das, was sie tun, ihnen keinen Spaß macht. Das heißt nicht in jedem Fall, dass sie ihren Job schlecht machen. Sie können sogar pflichtbewusst ordentliche Arbeit abliefern - doch sie müssen sich sehr dafür anstrengen. Es ist eben eine Pflicht und keine Freude. Weil das so ist, kostet jeder Arbeitsschritt sehr viel Energie.

Denn was heißt es, außerhalb des eigenen Elements tätig zu sein? Stellen Sie sich einen Fisch vor, der von einer Welle auf Land gespült worden ist. Mit großer Anstrengung kann er sich durch kräftige Schwanzschläge ein paar Meter vorwärtsbewegen. Und wenn es gut geht, erreicht er dadurch das Wasser. Kaum ist er wieder in seinem eigentlichen Element, zischt er mit Leichtigkeit davon.

Wir haben bei uns in der Bank Mitarbeiter, die den Kontakt mit den Kunden lieben. Sie kennen jeden beim Namen, erkundigen sich nach den Kindern, freuen sich mit, wenn die richtige Immobilie gefunden ist oder eine gewünschte Investition durch eine günstige Finanzierung möglich wird. Müssen dieselben Mitarbeiter Verwaltungsaufgaben übernehmen, sitzen sie leise stöhnend am Schreibtisch und wünschen sich, dass endlich Wochenende wird. Den umgekehrten Fall haben wir übrigens auch - glücklicherweise.

Sie spüren es sofort, ob Sie jemandem gegenübertreten, der seinen Job gern macht, oder nur, weil es eben sein muss. Egal ob Sie im Hotel an die Rezeption treten, ob Sie im Laden den Verkäufer etwas fragen, ob Sie beim Arzt in der Sprechstunde sitzen. Fühlen Sie sich willkommen oder nur bedient?

FÜHLEN SIE SICH WILLKOMMEN ODER NUR BEDIENT?

Ich freue mich jedes Mal, wenn ich jemanden treffe, der seine Arbeit liebt. Zum Hotelkonzept meiner Frau gehört es, dass wir denkmalgeschützte Häuschen renovieren und in den Betrieb integrieren. Ich habe gesehen, wie unser Schreiner ein Glitzern in den Augen bekommen hat, als er sich damals in dem ersten entsprechenden

Gebäude umgesehen und den Holzkern begutachtet hat. Er war begeistert von der Vorstellung, diesen alten Kern wiederherstellen zu dürfen. Und ich habe miterlebt, wie viel Zeit er in die enorme Feinarbeit der Restauration gesteckt hat und nach dem längsten Arbeitstag noch fröhlich pfeifend die Baustelle verlassen hat.

EINE FRAGE DER ENERGIE

Das ist der Unterschied zur Pflichtaufgabe: Sie kostet nur Energie. Beim Arbeiten im eigenen Element - und sei es noch so anstrengend - kommt diese Energie zurück. Wenn Sie in Ihrem Element sind, wollen Sie am liebsten gar nicht mehr aufhören. Da gibt es kein Auf-die-Uhr-Schauen und keinen sehnsüchtigen Gedanken an den Feierabend. Unser Bürgermeister hat mich einmal gefragt, warum ich mir neben meinem anspruchsvollen beruflichen Engagement in meiner knappen Freizeit auch noch so viele ehrenamtliche Aufgaben „antue". Ich musste nicht nachdenken, denn die Antwort fiel mir leicht: „Weil es Spaß macht."

Das Im-eigenen-Element-sein hat nämlich immer auch einen hohen emotionalen Anteil. Selbst bei Tätigkeiten, die auf den ersten Blick so gar nichts mit Gefühlsausbrüchen zu tun haben, wie Excel-Listen auszufüllen oder wissenschaftliche Versuchsreihen durchzuführen, gilt: Wenn das Ihr Element ist, widmen Sie sich diesem Tun mit Feuereifer.

Deshalb ziehen Sie solche Aufgaben auch an wie ein Magnet. Sie lassen soweit möglich alles andere dafür liegen. Die Mitarbeiter, die am liebsten im Kundenkontakt sind, schieben die ungeliebten Verwaltungsaufgaben möglichst lange hinaus. Und die, die stattdessen die Ordnung von Formularen und Excel-Listen lieben, neigen dazu, für die Termine mit Kunden wenig Zeit zu finden.

Als aufmerksamer Leser könnten Sie nun fragen, wie meine Aussagen, dass uns einerseits die Aufgaben, bei denen wir in unserem Element sind, anziehen wie ein Magnet und andererseits viel zu viele Menschen nicht in

VIELE MENSCHEN KENNEN IHR

ELEMENT GAR NICHT.

ihrem Element sind, denn zusammenpassen. Das liegt daran, dass viele Menschen ihr Element gar nicht kennen. Dafür gibt es zwei Gründe ...

DIE DECKE ÜBER DEM KOPF

Der eine Grund ist, dass sie noch nie die Gelegenheit hatten, ihr Element kennenzulernen. Wenn Sie in der Wüste groß werden, woher sollen Sie wissen, dass Schwimmen Ihr Element ist? Wenn Sie noch nie ein Musikinstrument in der Hand hatten, woher sollen Sie wissen, dass Gitarre spielen Ihr Ding ist? Wenn Sie noch nie einen Handwerksbetrieb von innen gesehen haben, woher sollen Sie wissen, dass Sie in solchen Aufgaben aufgehen? Und wenn Sie mit der Überzeugung groß geworden sind, dass eine Unternehmensgründung nur für Auserwählte infrage kommt, woher sollen Sie wissen, dass Ihnen das Erfüllung gibt?

Der zweite Grund ist – zumindest in Deutschland, wie ich glaube – der noch häufigere: Die Entdeckung des eigenen Elements passt nicht immer zu dem, was dieser Mensch bis dahin gewohnt ist von sich und von anderen. Dieses Ungewohnte sorgt unbewusst für Unsicherheit und eine misstrauische Haltung der Entdeckung gegenüber.

Dazu möchte ich Ihnen vom Erlebnis meines Cousins berichten. Er ist Landwirt und hat vor einiger Zeit seine Viehhaltung von herkömmlicher auf ökologische Bewirtschaftung umgestellt. Dazu gehörte, dass er seine Kühe, die die Stallhaltung gewohnt waren, auf die Weide brachte – das ureigene Element für Rinder. Müsste man meinen. Doch die Tiere waren äußerst unruhig und brachen prompt aus der Koppel aus.

Nach einiger Zeit des Suchens fand mein Cousin die gesamte Herde wieder. Es ist bezeichnend, wo er sie fand: Die Kühe hatten sich unter eine Brücke gedrängt. Dort hatten sie ein oder zwei Meter über sich eine Decke. So haben sie die Welt gekannt.

Diese Erfahrung haben auch andere Landwirte schon gemacht. Die Tiere kommen zunächst nicht damit klar, wenn sie ganz gegen ihre Gewohnheit die Gelegenheit bekommen, ihrer Natur gerecht zu leben. Es ist ein längerer Prozess, bis sie die Angst ablegen und sich wohlfühlen.

Wir Menschen sind natürlich keine Rindviecher. Und doch reagieren wir oft nicht so wesentlich anders auf Ungewohntes. Dieser Reflex lässt uns leicht übersehen, wie viel besser das Neue für uns sein könnte. Wie schade, denn so bleibt enorm viel Potenzial ungenutzt. Das ist ein Verlust für den Menschen selbst wie für die Gesellschaft, in der er viel bewegen könnte. Wenn bei uns mehr Menschen ihr Element entdecken und nutzen würden, wären wir in Deutschland schon einen großen Schritt näher an den 100.000 Wirtschaftswundern.

DIE RECHNUNG FÜR 100.000 WIRTSCHAFTSWUNDER IST SIMPEL.

Die Rechnung ist simpel. Jeder, wirklich jeder hat Talent. Unter diesen vielen, die ihre Begabung erkennen und leben, müssten nur relativ wenige sein, die damit eine wirtschaftliche Idee verwirklichen. Einer unter 800 würde genügen, damit wir auf diese Zahl kommen. Das klingt doch machbar, nicht wahr? Noch dazu, da es einen Schlüssel gibt, der den Zugang zum eigenen Element eröffnet.

SCHLÜSSELELEMENT

Diesen Schlüssel kennt schon die Bibel. Matthäus sagt: „Wer suchet, der findet." Wer sein Element noch nicht gefunden hat, sollte aktiv auf die Suche danach gehen. Erinnern Sie sich an das Beispiel mit dem Schwimmtalent, das in der Wüste aufwächst. Wenn Sie an Ihrem angestammten Platz partout keine Tätigkeit finden, die Ihnen Freude macht, ist es Zeit für einen Wechsel. So wie in diesem Fall:

Ich sitze einem Mitarbeiter unserer Bank gegenüber.

Der junge Mann ist noch nicht allzu lange bei uns. Er ist durchaus arbeitswillig, doch mit welcher Aufgabe wir ihn bisher auch betraut haben: Keine scheint ihm Freude gemacht zu haben. Und auch die Ergebnisse sind hinter seinen und unseren Erwartungen zurückgeblieben. Nach dem dritten fehlgeschlagenen Versuch, die passende Funktion für ihn zu finden, habe ich mich mit ihm zu einem Gespräch verabredet.

Als er Platz genommen hat, frage ich ihn: „Stellen Sie sich vor, die Fee kommt und sagt zu Ihnen: ‚Du darfst dir deinen Traumarbeitsplatz wünschen. Wie sieht der aus?‘ Was würden Sie der Fee antworten?“

Er überlegt kurz, bevor er schwach lächelnd erwidert: „Den habe ich doch schon.“

Ich schaue ihn verdutzt an: „Hmm, das, was Sie jetzt tun, machen Sie aber nicht so gut. Und ich habe nicht den Eindruck, dass Ihnen Ihre Aufgaben so richtig Spaß machen.“

Er zuckt nur mit den Schultern.

Ich nehme noch einen Anlauf: „Gibt es nichts, bei dem Sie sagen: Genau das will ich machen?“

Er kratzt sich am Kopf. Doch es fällt ihm nichts ein.

Ich sage: „Ich glaube, Sie haben Ihr Element noch nicht gefunden. Ich möchte Sie ermutigen, darüber nachzudenken und etwas aus Ihrem Leben zu machen. Einverstanden?“

Er nickt stumm. Ich belasse es dabei und bedanke mich bei ihm für das Gespräch. Doch ich hoffe, durch das Gespräch etwas in Bewegung gesetzt zu haben.

Es kann dabei um einen Ortswechsel gehen. Viel häufiger genügt schon ein Wechsel der Perspektive. Wenn Sie einen oder mehrere Schritte zurücktreten, haben Sie schon mehr Übersicht. Sie öffnen Ihren Blick und erkennen auf einmal Dinge, die Sie nie so gesehen haben – obwohl oder vielleicht gerade weil sie direkt vor Ihrer Nase lagen.

Ein bewusstes Innehalten, sich Zeit und Raum zu geben, um sich und die Welt einmal anders als gewohnt anzusehen, hilft sehr. Es geht um eine

Öffnung für die eigenen Stärken und für die eigene Lebensfreude. Damit es nicht so weit kommt, wie Christian Friedrich Hebbel in einem Gedicht zum Ende des Lebens geschrieben hat: „Und der ich bin, grüßt trauernd den, der ich könnte sein!“

ES GEHT UM EINE ÖFFNUNG FÜR DIE EIGENEN STÄRKEN UND FÜR DIE EIGENE LEBENSFREUDE.

Ich würde mir wünschen, dass jeder sich selbst diese Gelegenheit gibt, nach seinem Element zu suchen. Und am besten nie aufhört, offen für neue Entdeckungen an sich selbst zu sein. Das ist es, was aus meiner Sicht persönliche Weiterentwicklung ausmacht. Oder um es mit Worten aus dem Märchen „Der Schmetterling“ von Hans Christian Andersen auszudrücken: „‚Leben ist nicht genug!‘, sprach er. ‚Sonnenschein, Freiheit und ein kleines Blümchen muss man haben.‘“

ÖFFNUNG

Ein Seminarleiter hat mir vor einigen Jahren eine kleine Übung für diese Öffnung verraten. Ich mache sie selbst immer wieder und muss jedes Mal schmunzeln. Wenn Sie sie gleich nachmachen möchten, dann falten Sie ohne nachzudenken Ihre Hände wie zum Gebet. Schauen Sie Ihre Hände an: Welcher Daumen liegt oben? Jetzt nehmen Sie die Hände wieder auseinander und falten sie absichtlich so, dass der andere Daumen oben liegt. Fühlt sich ungewohnt an, nicht wahr?

Dasselbe können Sie auch erleben, wenn Sie Ihre Arme anders herum verschränken, oder statt wie gewohnt den linken mal den rechten Socken zuerst anziehen.

Sich bewusst aus den gewohnten Sichtweisen zu lösen und den eigenen Horizont zu erweitern, eröffnet also das Tor zu den eigenen Möglichkeiten. Das Tor aufstoßen muss allerdings jeder selbst, diese Verantwortung nimmt ihm keiner ab. Ich beobachte allerdings, dass je länger ein Mensch keinen Zugang zu sich gefunden hat, desto schwerer fällt es ihm. Die Spielfreude,

mit der Kinder sich und ihre Fähigkeiten austesten, geht beim Heranwachsen verloren. Da kann ein Anstupsen von außen hilfreich sein.

Manchmal nehmen Sie das Element eines Menschen von außen besser wahr als er selbst. Das ist besonders dann der Fall, wenn – wie oben geschildert – die Angst vor dem Ungewohnten die eigene Wahrnehmung trübt. Wenn Sie also jemanden beobachten, der offensichtlich mit Herzblut etwas tut und es gut tut: Sagen Sie es ihm! Vielleicht ist ihm selbst dieses Talent gar nicht bewusst.

DAS TOR ZU DEN EIGENEN MÖGLICHKEITEN MUSS JEDER SELBST AUFSCHLIESSEN.

Es gehört übrigens noch etwas dazu, das eigene Element zu erkennen und auch *an*zuerkennen. Dafür möchte ich noch einmal die Bibel zitieren. Jesus sagt im Markus-Evangelium: „Du sollst deinen Nächsten lieben wie dich selbst." Damit hält er uns nicht nur zur christlichen Empathie für unsere Mitmenschen an. Er sagt auch, dass die Liebe zu sich selbst der Grundstein dafür ist, der Welt zu geben, was ihr gebührt.

Das Innehalten und sich in seinen Stärken wahr- und annehmen, gehört deshalb dazu.

Der junge Mann aus unserer Bank hat übrigens selbst den richtigen Schritt gezogen. Er hat bei uns gekündigt, um ein Studium aufzunehmen. Kurz vorher kam er noch zu mir und hat sich bedankt: Ich hätte ihn zum Nachdenken gebracht. Ich wünsche ihm, dass dieser Wechsel ihm hilft, genau das Element zu finden, das seines ist. Dass er das findet, wofür er brennen kann.

Dieses Brennen ist die Voraussetzung für zwei Zutaten, ohne die niemand etwas Wunderbares auf den Weg bringen kann.

VON FÄHIGKEITEN UND ZÜNDENDEN IDEEN

Eine Begabung ist die Grundlage dafür, dass Sie etwas herausragend gut machen können. Sie ist aber noch nicht die Fähigkeit selbst. Diese entsteht erst dadurch, dass Sie Ihr Talent auch anwenden. Die Psychologen K. Anders Ericsson, Ralf Krampe und Clemens Tesch-Römer sprechen von 10.000 Übungsstunden, die nötig sind, um aus einem Anfänger einen echten Könner zu machen – egal, ob Sie eine Sportart lernen, ein Musikinstrument beherrschen oder hochkomplizierte Messgeräte entwickeln wollen, ob Sie Führungsaufgaben übernehmen, Kundengespräche perfektionieren oder neue IT-Programme schreiben möchten. Das alte Sprichwort „Übung macht den Meister" gilt selbst für Ausnahmetalente.

UM ZU SPITZENLEISTUNGEN ZU KOMMEN, MÜSSEN SIE IHRE TÄTIGKEIT LIEBEN.

Allerdings fällt das Training wesentlich leichter, wenn Sie gerne tun, was Sie tun. Ich denke, um zu wahrer Spitzenleistung zu kommen, müssen Sie Ihre Tätigkeit lieben. Sonst halten Sie die langen Phasen des Einübens gar nicht durch.

Die zweite „Zutat“ für Höchstleistung befindet sich auf einer ganz anderen Ebene. Haben Sie das Augustinus-Zitat noch im Kopf, mit dem dieses Kapitel begonnen hat? „In dir muss brennen, was du in anderen entzünden willst.“ Am Anfang jedes wundersamen Erfolges steht die Begeisterung für eine Idee. Artur Schwörer brannte für sicherere Baustellen, Otto Bock für die bessere Versorgung von Kriegsversehrten, Hermann Gmeiner für ein Aufwachsen von Waisenkindern in familiären Strukturen – um nur einige der großen Beispiele nochmal aufzugreifen.

Alle haben sie ihr Element gefunden, ihre Fähigkeiten entwickelt und daraus ihre Idee zum Leuchten gebracht. Auch wenn die restliche Welt gesagt hat „Ja, aber“ und „Die Zeiten sind schwierig“ und schlussendlich „Das geht nicht.“ Und alle anderen glaubten, dass hier die Grenze des Möglichen ist. Hermann Hesse hat einmal gesagt: „Damit das Mögliche entsteht, muss immer wieder das Unmögliche versucht werden.“ Genau darum geht es ...

DIE GRENZEN DES DENKENS

Wer sagt: „Das geht nicht“, baut diese Grenze des Möglichen. Seine Aussage ist eindeutig: Bis hierher geht das Vorstellbare, alles darüber hinaus ist unvorstellbar. Und seine Aussage ist auch allgemeingültig. Die Unmöglichkeit gilt nicht nur für seine Person, sondern für alle. Die Aussage beinhaltet außerdem noch einen Appell: „Weil es unmöglich ist, braucht ihr es gar nicht erst zu versuchen! Das wäre ja völlig vergeblich. Deshalb sollt ihr noch nicht einmal daran denken.“

SOLCHE GRENZEN DES DENKENS SIND NICHT DIE AUSNAHME, SONDERN DIE REGEL.

Begründet werden diese Grenzziehungen entweder mit eigenen schlechten Erfahrungen oder – noch häufiger – mit Vermutungen, die sich auf Einschätzungen anderer stützen. Meist lassen sich auch noch sachlich und/oder fachlich nachvollziehbare Argumente für die Aussagen finden.

Ein cooles Start-up abseits der großen Städte gründen? Geht nicht, weil Sie die nötige Infrastruktur dort gar nicht haben.

Vor Ort ein ehrenamtlich getragenes großes Modellprojekt aufziehen? Vergessen Sie es, Sie finden keine Helfer.

Im digitalen Entwicklungsland Deutschland eine innovative Software-Schmiede etablieren? Können Sie bleiben lassen, mit den Amerikanern können Sie nicht mithalten.

Meiner Beobachtung nach sind solche Grenzen des Denkens nicht die Ausnahme, sondern die Regel. Sie sind sehr weit verbreitet und täglich kommen neue dazu.

Und je mehr Menschen felsenfest behaupten, dass die Grenze unmöglich überschritten werden kann, desto weniger traut sich der Rest, überhaupt noch darüber nachzudenken. Die Grenzen werden also nicht mehr hinterfragt und scheinen deshalb erst recht unüberwindlich. Die Folgen sind fatal.

WO DIE WELT ZUM STILLSTAND KOMMT

In der Summe verhindern die vielen, vielen kleinen Denkgrenzen, dass ein Mensch, eine Gemeinschaft, eine Gesellschaft überhaupt noch vorankommen. An diesen Grenzen kommt die Welt zum Stillstand. Denn sie blockieren alles, was neu ist. Innovationen und fortschrittliche Entwicklungen bleiben zwangsläufig aus. Dann geht nichts mehr voran, weil irgendwann jeder die Grenzen kennt und akzeptiert.

Jeder?

Vielleicht kennen Sie die Fabel von den Fröschen. Sie wird in den verschiedensten Varianten erzählt. Ich kenne sie so:

Eine Gruppe von Fröschen möchte eine sehr hohe Stufe erklimmen. Ängstlich starren sie nach oben und raunen sich zu: „Oh, das schaffen wir nicht. So hoch können wir unmöglich hüpfen."

Dennoch wagt einer nach dem anderen den Versuch, doch einer nach dem anderen scheitert. Sie schauen sich achselzuckend an und versichern sich gegenseitig: „Haben wir doch gleich gesagt: Das geht nicht."

Da drängt sich ein kleiner Frosch vor. Er hatte bis jetzt ganz hinten gestanden und es noch nicht probiert. Er visiert die Kante an, duckt sich, trippelt kurz mit den Hinterbeinen, springt – und landet oben auf der Stufe.

Er dreht sich um und schaut strahlend zu den anderen herunter. Die quaken von unten nach oben, wie er denn das geschafft hat. Doch er nickt nur. Denn er hört ihre Frage nicht.

Dieser Frosch ist taub.

Ein Mensch muss nicht zwangsläufig taub sein, um sich von dem allgemeinen Gerede über Grenzen nicht beeindrucken zu lassen. Er muss nur sein Element und die richtige Idee haben. Das macht ihn immun gegen Denksperren.

BEIM UNMÖGLICHEN BEFINDET SICH DIE GRENZE, DIE FÜR ECHTEN FORTSCHRITT VERRÜCKT WERDEN MUSS.

Von Elon Musk, dem Gründer von PayPal, Tesla und SpaceX, heißt es, er habe seinen Mitarbeitern gesagt: „Legt mir nur Ideen vor, die ich mir nicht vorstellen kann." Alles, was er sich selbst schon denken oder vorstellen kann, will er gar nicht hören. Musk hat erkannt: Eine Sache voranzutreiben ist dann besonders lohnenswert, wenn alle anderen den Kopf schütteln und er trotzdem die Möglichkeit des Erfolgs sieht. Beim Unmöglichen befindet sich die Grenze, die für echten Fortschritt verrückt werden muss.

Das ist der Punkt. Für ein Wunder muss einer die Grenze durchbrechen. Er muss die Chance sehen, wo die anderen nur Gefahren vermuten. Eine Leistung, die nur einer bringen kann, der für sich die Klarheit hat, wo er hinwill.

SETZEN LASSEN

Ich komme wieder zurück zum Element, das Sie für sich finden, wenn Sie es schaffen innezuhalten. Durch dieses Innehalten finden Sie nicht nur Ihr Element, sondern sehen auch sonst vieles klarer. Wenn Sie wissen, wer Sie sind, können Sie so sein, wie nur Sie es sein können. Und Sie sehen auch Ihr Ziel. So wie der junge Mann aus unserer Bank, der nach unserem Gespräch ins Nachdenken gekommen ist und auf einmal ein Ziel für sich erkannt hat.

Ihre Ruhe ist dafür unerlässlich. Stellen Sie sich ein Glasgefäß vor. Darin ist ein Wasser-Sand-Gemisch. Wenn Sie laufend mit einem Löffel darin rühren und alles ständig in Bewegung halten, dann ist das Wasser trüb. Sie können nicht hindurchsehen. Hören Sie dagegen für einige Minuten mit dem Rühren auf und lassen Ruhe einkehren, dann setzt sich der Sand ab. Das Wasser ist klar geworden, Sie können alles sehen.

Solange Sie sich und Ihr Element nicht kennen, wird Ihr Blick ständig abgelenkt. Eigene Gewohnheiten versperren Ihnen genauso die Sicht wie das, was andere sagen und damit Denkgrenzen aufmachen. Die Offenheit zu sehen, was wirklich ist und was möglich sein könnte, haben Sie nur in der Klarheit. In dieser Klarheit sehen Sie auch Ihr Zielbild deutlich und können Ihr Handeln darauf ausrichten. Die Energie, die von solch einem Bild ausgeht, ist die Kraftquelle, um die Denkgrenzen konsequent zu überwinden und sich auf das Wesentliche zu konzentrieren.

Michelangelo wurde einmal gefragt, wie er es als Bildhauer nur schafft, so einmalige Kunstwerke zu schaffen. Er antwortete: „Ich schlage nur weg, was nicht dazu gehört." Er hatte sein Ziel klar vor Augen, auch wenn es für alle anderen noch im Felsblock verborgen war.

DAS ZIEL ZU SEHEN, BEVOR ANDERE ES AUCH NUR AHNEN, IST DAS MERKMAL VON KLARHEIT.

Das Ziel zu sehen, bevor andere es auch nur ahnen, ist das Merkmal von Klarheit. Im Kapitel „Wunderbare Zeiten" habe ich Ihnen das Bild vom Vakuum vorgestellt, das entsteht, wenn sich durch Veränderungen Räume auftun. In diesen Freiräumen ist zunächst nichts: keine vorgefertigte Idee, kein alter Inhalt, nichts. Wenn Sie Klarheit haben über Ihr Ziel, können Sie genau in dieses Nichts Ihre Idee projizieren. Dann haben Sie die richtige Haltung, um den Anfang für etwas Wunderbares zu setzen.

DAS ENDE FÜR PROBLEMSEHER

Die Ja-aber-Sager, Schwierig-Finder und Das-geht-nicht-Propheten haben eines gemeinsam: Sie gehören zur Gattung der Problemseher. Bei allem, was ihnen begegnet, entdecken sie sofort die Probleme. Sie fragen sich, warum das ausgerechnet ihnen passiert und warum es nicht geht. Sie konzentrieren sich voll und ganz auf diese Schwierigkeiten. Ihr Denken ist dementsprechend ausgefüllt von dem, was nicht so funktioniert wie gewünscht. All ihre Energie fließt in die Gedanken rund um das Problem. So rücken sie bis auf Nasenlänge an die Probleme heran.

Stellen Sie sich das bildlich vor: Sie gehen einen Weg entlang und Sie stoßen auf ein Hindernis. Wenn Sie nur nahe genug herangehen, füllt auch die kleinste Hürde Ihr Sichtfeld vollkommen aus. Dann sehen Sie nichts mehr außer diesem Ding. Ob es einen mühelosen Weg darum herum gibt oder ob das Hindernis so klein ist, dass Sie einfach darüber hinweg steigen können – wie sollten Sie das erkennen?

Problemseher können gar nicht bis zum Ziel kommen, sondern bleiben an den Hindernissen hängen. Sie bleiben ehrfürchtig vor den Denkgrenzen zurück, denn ihre bisherige Erfahrung hat ihnen ja gezeigt: Auf jedem

Weg türmen sich unendliche Schwierigkeiten auf. Dabei hat schon Johann Wolfgang von Goethe gesagt: „Ein Problem lösen heißt, sich vom Problem lösen."

„EIN PROBLEM LÖSEN HEISST, SICH VOM PROBLEM LÖSEN."

DER ANFANG FÜR LÖSUNGSDENKER

Mit der Klarheit im Inneren gehen Sie anders an die Welt heran. Sie haben zu jedem Zeitpunkt Ihr Ziel im Blick. Daraus ziehen Sie Ihre Energie, denn Ihre Gedanken werden von dem positiven Bild dominiert. Durch den Blick in die Ferne bleibt Ihr Sichtfeld auch groß und weit. Sie erkennen zwar auch die Hindernisse, die auf Ihrem Weg liegen, aber Sie erkennen im selben Moment Ihre Möglichkeiten, sie auszuräumen. Im Gegensatz zum Problemseher halten Sie Abstand zum Problem. Sie lassen sich nicht davon in Beschlag nehmen.

SIE LASSEN SICH NICHT VOM PROBLEM IN BESCHLAG NEHMEN.

Der Begriff Problem stammt übrigens vom griechischen Wort „próblēma", das so viel heißt wie: „das, was zur Lösung vorgelegt wurde". Die Definition in Wikipedia lautet dementsprechend: „Probleme stellen Hindernisse dar, die überwunden oder umgangen werden müssen." Das ist ganz im Sinne des Lösungsdenkers. Denn der Unterschied zwischen dem Problemseher und dem Lösungsdenker ist der, dass der eine auf die Tatsache fokussiert, dass die Hindernisse da sind, und der andere darauf, wie er sie überwindet oder umgeht.

Deshalb findet der Lösungsdenker die Lösung, während der Problemseher an der Schwierigkeit hängen bleibt. Dabei ist es nicht so, dass die Umstände für den Lösungsdenker besser sind. Er nimmt ihnen gegenüber – dank seiner Klarheit über sein Ziel – jedoch eine andere Haltung ein. Von Albert Schweitzer stammt der Satz: „Die größte Entscheidung deines Lebens liegt darin, dass du dein Leben ändern kannst, indem du deine Geisteshaltung änderst."

Ich persönlich glaube ja sogar, dass Problemseher ganz objektiv mehr Probleme haben als Lösungsdenker. Nicht weil ihre Startbedingungen schlechter sind, sondern weil sie recht haben ...

EGAL, WAS DU DENKST

Was immer Sie auch vom Leben erwarten: Sie werden damit recht behalten. Nennen Sie es ein Gesetz des Universums oder Selffulfilling Prophecy oder wie auch immer. Wenn Sie fest daran glauben, dass das Leben Gutes für Sie bereithält, werden Sie Gutes erleben. Und wenn Sie vom Gegenteil überzeugt sind, werden Sie das Gegenteil erleben.

Wenn Sie davon überzeugt sind, dass die Situation, der Sie sich gegenübersehen, für Sie ein schwieriges Problem darstellt, dann wird es das auch sein. Wenn Sie der gleichen Situation freudig entgegensehen, dann haben Sie damit kein Problem.

Im September 2012 stand der damals noch blutjunge Golfprofi Martin Kaymer vor dem entscheidenden Schlag seiner Karriere. Dieser Ball sollte den Ausschlag geben, ob Kaymer mit der europäischen Auswahl den prestigeträchtigen Ryder Cup gewinnen würde oder doch die US-Amerikaner wieder triumphierten. Ganz cool versenkte er auf dem 18. Grün aus zwei Metern den Putt. Gefragt, ob er nicht nervös gewesen sei, antwortete er: „Nein. Ich mag die Herausforderung." Er hat die Situation nicht als Problem eingestuft.

Es geht nicht um Schönreden, sondern um den Glauben, dass es funktionieren wird. Dazu fällt mir ein Gespräch ein, bei dem ich nur stiller Zuhörer war. Es ist schon ein paar Jahre her, doch ist es mir im Gedächtnis geblieben, weil es so bezeichnend ist:

Wir sitzen im Kreis der Familie beim Mittagessen. Der beste Freund meines Sohnes Benedikt ist zu Gast und die beiden unterhalten sich. Sie sind beide in der vierten Klasse der Grundschule, das heißt, bald werden sie sich entscheiden müssen, auf welche Schule sie gehen werden. Ihre Noten im Zwischenzeugnis sind ungefähr gleich mittelprächtig.

Sein Freund sagt gerade zwischen zwei Gabeln voll Nudeln: „Gymnasium? Bene, spinnst du? Das kriege ich doch nicht hin. Und du auch nicht."

Benedikt aber ballt die Faust und antwortet trotzig: „Wer sagt das? Du wirst sehen, ich kriege das schon hin. Und du hast ja gehört, was die Klara aus unserer Klasse gesagt hat: ‚So wie der Benedikt musst du denken, dann schaffst du es!'"

Sie können sich denken, wer von den beiden heute noch ins Gymnasium geht und wer die Segel gestrichen hat.

ICH FÄNDE DAS SCHULFACH „LÖSUNGEN FINDEN" EINE SEHR GUTE SACHE.

Diese Haltung lässt sich übrigens üben. Sie können sich selbst zum Lösungsdenker erziehen, indem Sie Ihre Gedanken verfolgen und immer wieder fokussieren. Die Selbstreflexion hilft Ihnen auch hier. Wir können aus meiner Sicht gar nicht früh genug mit dem Lösungsdenken anfangen. Deshalb fände ich es eine sehr gute Sache, wenn es in der Schule ein Fach „Lösungen finden" gäbe. Wir könnten es „Methodenkompetenz" oder auch „Positive Philosophie" nennen. Das wäre eine tolle Investition in unsere Zukunft. Denn ohne den Glauben an den Erfolg, an die Lösung, an die Verwirklichung des Ziels wird aus keiner noch so guten Idee Realität. Und schon gar kein Wunder, das die Welt voranbringt.

AUS WAS BESTEHT DIE WELT?

„Ja, aber Herr Zintl, greifen Sie da nicht ein bisschen hoch?", höre ich manchen Leser fragen. „Die ganze Welt voranzubringen, wird ja nun nicht jedem gelingen. Selbst wenn er ein Lösungsdenker ist."

„Sie haben mit Ihren Einwänden wie immer recht", antworte ich und verbeuge mich ein ganz klein wenig. „Und doch kann ich Ihnen nicht zustimmen, denn es ist eine Frage der Sichtweise."

Wo die Zweifler recht haben, ist die Tatsache, dass nur wenige ganz herausragende Lösungsdenker es geschafft haben, die ganze Welt mit ihren monumentalen Ideen einen Riesenschritt voranzubringen. Diesen Individuen verdankt die Menschheit unbestreitbar viel. Wenn zum Beispiel Nelson Mandela nicht daran geglaubt hätte, dass es eine Welt ohne Apartheid geben kann, und ihm diese Idee keine Kraft gegeben hätte, dann hätte er die vielen Jahre in Gefangenschaft nicht überstanden. Wenn Bill Gates nicht konsequent für den Traum „a computer on every desk and in every home“ gearbeitet hätte, wäre die Digitalisierung heute wahrscheinlich nicht da, wo sie heute steht. Wenn Steve Jobs nicht rigoros seine Vorstellungen von Benutzerfreundlichkeit verfolgt hätte, wären die Bildschirme vielleicht heute noch schwarz mit leuchtgrüner Schrift. Diese Menschen waren innerlich entflammt von einem mächtigen Bild einer besseren, schöneren Welt. Und sie haben damit große Veränderungen bewirkt.

Doch passieren Veränderungen immer nur in großen Schritten? Ich glaube, dass die allermeisten Ziele, und seien sie noch so fern und noch so groß, in vielen, vielen kleinen Schritten erreicht werden. Und jeder kleine Schritt trägt zum großen Ganzen bei.

DIE ALLERMEISTEN ZIELE WERDEN IN VIELEN, VIELEN KLEINEN SCHRITTEN ERREICHT.

Deshalb leistet jeder Lösungsdenker seinen Beitrag, auch wenn die Veränderung zunächst „nur“ in der kleinen Welt vor seiner Haustür Wirkung zeigt. Jeder Beitrag zählt. Und darüber hinaus strahlt jeder positive Beitrag in das nähere und fernere Umfeld aus. Dafür ist nicht nur unsere Erfolgsgeschichte mit der Volksbank Mittweida und ihre Strahlkraft für die Region ein Beispiel.

So möchte ich Ihnen die Stiftung EssbareWildpflanzenParks vorstellen. Der Initiator Dr. Markus Strauß verbindet hier gleich zwei Ideen: Die Parks bringen über die sinnliche Erfahrung essbarer Wildpflanzen den Besuchern die natürliche Ernährung nahe. Gleichzeitig lässt Dr. Strauß den sozialen Gedanken der Almende aufleben, weil sie allen offenstehen. Die Parks wirken als erlebbarer Impuls für die Menschen vor Ort wie für Gäste von außerhalb. Zu Beginn als Hirngespinst abgetan, haben wir in Waldeck 2018 den allerersten dieser Parks eröffnet. Viele weitere sind teils schon länger in Planung, doch mit unserer Begeisterung für die Idee ist es uns gelungen, das Vorhaben schnell voranzutreiben – trotz aller Bedenken und Widerstände.

Über solche positiv gelebten Ideen wirken Lösungsdenker ansteckend und das gilt auch in der Wirtschaft. Ihre Erfolge machen anderen Mut, ebenfalls in ihr Element zu gehen und zum Lösungsdenker zu werden. Sie geben sich gegenseitig Energie. Es kommt zu einer Aufbruchstimmung, die den Boden für die 100.000 Wirtschaftswunder bereitet.

SCHWEISS UND VORTREFFLICHES

Eine Idee zu haben, ist die positive Form von Jammern. Wenn Sie erkannt haben, dass eine Situation, ein Produkt, ein Angebot nicht optimal ist, und Sie sich nur unzufrieden darüber äußern, dann akzeptieren Sie unterschwellig, dass Sie es nicht ändern können. Wenn Sie dagegen eine Idee entwickeln, wie es besser geht, nehmen Sie das Heft der Gestaltung in die Hand. Zumindest theoretisch.

Denn bei allem Loblied auf das Lösungsdenken: Eine Idee allein macht noch keine Innovation, eine bloße Vorstellung noch keine Wirklichkeit. Hesiod, ein griechischer Dichter der Antike, schrieb: „Vor den Erfolg haben die Götter den Schweiß gesetzt." Daran hat sich bis heute nichts geändert.

EINE IDEE MACHT NOCH KEINE INNOVATION.

Wenn Sie zwar eine Idee haben, diese aber für sich behalten, können Sie sich daran erfreuen, dass Sie so wunderbare Einfälle haben. Mehr passiert aber nicht. Wenn Sie die Idee zumindest schon mal in den Raum stellen, besteht die Chance, dass ein anderer die Idee aufgreift. Damit überlassen Sie es aber dem Zufall, ob etwas passiert oder nicht.

Nur wenn Sie sich selbst intensiver mit Ihrer Idee auseinandersetzen, geben Sie dem Wunder eine Gestalt. Genau darum geht es im nächsten Kapitel.

WENN EINER IN DIE TAT GEHT …

Wie war ich überhaupt zu dem 2. Vorsitz im Heimat- und Kulturverein gekommen? Ich war wahrhaftig nicht prädestiniert für dieses Amt: mit einem anspruchsvollen Arbeitsplatz 200 Kilometer auswärts, mit drei kleinen Kindern und einer Ehefrau, die selbst dabei ist, einen Betrieb aufzubauen. Dass ich es dann doch übernahm, kam so:

Sommer 2008. Die Stadt Kemnath feiert ihr 1000-jähriges Bestehen. Der Heimat- und Kulturverein Waldeck bringt sich mit einem großen Ritterfest auf dem Festplatz des Schlossbergs an einem Wochenende im August ein. Ein historischer Markt, ein mittelalterliches Lager mit verschiedenen Vorführungen und ein großes Festzelt sind die Attraktionen.

Am Vorabend gehe ich mit den Kindern an der Hand hoch zur Burg, um ihnen den Aufbau zu zeigen. Viele fleißige Helfer sind dabei, das große

Festzelt und die Buden zu errichten. Die Vorfreude der Menschen ist spürbar, doch gleichzeitig wandert ihr Blick immer wieder sorgenvoll zum Himmel. Der ist grau in grau. Hoffentlich bleibt es bei den paar Tropfen, die jetzt schon fallen. Regen wäre schlecht, denn das Gelände ist unbefestigt. Mit gedrückten Daumen für trockenes Wetter gehe ich mit den Kindern wieder nach Hause.

Der nächste Morgen: Meine Frau und ich sind sehr früh aufgestanden, um noch arbeiten zu können, bevor die Kinder wach werden. Das Nieseln des Vorabends hat sich über Nacht in heftigen Regen verwandelt. Ich schaue aus dem Fenster und ahne Schlimmes.

„Elisabeth, die haben da oben jetzt ein Problem", sage ich zu meiner Frau. Ich habe in meiner Jugend selbst Veranstaltungen organisiert, die im Freien stattfanden. Ich weiß, wie sich das anfühlt, wenn du die Verantwortung für ein Fest übernommen hast und am Morgen entscheiden musst, ob es am Abend stattfinden kann oder abgeblasen werden muss.

„Ich gehe mal nachschauen", sage ich entschlossen. Meine Frau nickt und sagt: „Ja, tu das. Die können jede Hilfe brauchen."

Und so ist es auch. Oben auf dem Schlossberg, wohin ich mit dem großen Regenschirm und den wasserdichten Schuhen gehastet bin, empfangen mich ratlose Blicke. Die vielen Helfer stehen in Gummistiefeln und Regenmänteln mit hochgeklappter Kapuze herum und betrachten hilflos ihr Werk vom Vorabend. Vor den Aufbauten haben sich bereits große Pfützen gebildet.

Ganz aufgelöst kommt der Festleiter auf mich zu: „Leonhard, schau dir das an. Wir versinken jetzt schon im Schlamm. Wenn jetzt noch viele Besucher kommen, dann wird der Morast immer noch tiefer. Was für eine Katastrophe! Wir müssen alles absagen."

„Jetzt schauen wir erst mal", sage ich. Ich weiß aus Erfahrung, dass wir jetzt erst einmal Ruhe hineinbringen müssen, damit wir überlegen können. Alle schauen mich erwartungsvoll an. Ich räuspere mich und überlege laut: „Wir müssen dafür sorgen, dass es hier trocken wird. Soll ich euch dabei helfen?"

„Ja, sicher", erwidert der Leiter verdutzt. „Aber wie willst du uns helfen?"

„Wir brauchen jetzt Rindenmulch", sage ich entschlossen. „Viel Rindenmulch."

„Und wo kriegen wir die her? Einen kleinen Hänger hätten wir zwar, aber ...", stottert er. „Ein Hänger wird nicht reichen. Aber wenn du willst, dann kümmere ich mich darum", antworte ich. Er nickt nur. Ich suche mir eine ruhige Ecke und rufe den befreundeten Besitzer eines großen Sägewerks an. Dem trage ich meine Bitte vor. Der antwortet: „Ihr braucht keinen Rindenmulch. Der färbt ab. Ihr braucht Hackschnitzel."

„Okay", antworte ich, „wieder was gelernt. Dann eben Hackschnitzel. Hast du welche?"

„Genügend. Ich habe nur ein Problem. Ich habe keinen großen Lkw da, um euch die zu bringen", sagt er. „Das kann ich lösen", entgegne ich. „Aber ich habe ein anderes Problem. Ich habe kein Geld." Der Sägewerksbesitzer lacht und sagt: „Das kann ich lösen. Recht die Hackschnitzel halt nach dem Fest wieder zusammen und bringt sie mir wieder. Dann ist das okay."

„Prima, danke", erwidere ich und lege auf. Der Regen fällt unvermindert, die Tropfen rollen ohne Unterlass von meinem Schirm. ‚Hmm, wir brauchen einen Spediteur', denke ich und gehe die Kontakte auf meinem Handy durch. ‚Er vielleicht.' Ich tippe auf das Anrufen-Symbol. „Hallo, grüß dich", sage ich, als er rangeht. „Was machst du gerade?"

„Servus, Leonhard. Ich habe gerade angehängt und will losfahren", antwortet er. „Du, wir haben ein Problem ..." Auch ihm erzähle ich davon, wie das große Fest, auf das sich ganz Waldeck freut, abzusaufen droht. „Weißt du", sagt er dann, „ich wollte schon lange etwas für den Verein tun. Ich hole euch die Hackschnitzel." So bekommen wir tatsächlich einige große Fuhren Hackschnitzel angeliefert, die die Helfer gleich auf den Wegen verteilen und sie auf die Art trockenlegen können. Gleichzeitig hat das Wetter ein Einsehen. Der Regen lässt im Laufe des Vormittags nach.

Das Ritterfest kann stattfinden und wird ein voller Erfolg. Der Hackschnitzelbelag passt sogar richtig gut zu den historischen Gewändern – als wäre es genau so geplant gewesen. Mir begegnen das ganze restliche Wochenende nur strahlende Gesichter.

Einige Tage später sitzen alle Helfer nochmals zusammen. Alles ist abgebaut, die Hackschnitzel sind zurückgebracht, wir lassen das Fest gemeinsam Revue passieren. Der Festleiter steht von der Bierbank auf und verkündet vor allen: „Es war ein tolles Fest – vielen Dank an euch Helfer. Jeder hat sein Bestes getan. Und wie gut, dass der Leonhard am Samstagmorgen gekommen ist. Es braucht immer einen, der so energisch in die Tat geht, damit in einer kritischen Situation etwas vorangeht."

Später am Abend winkt er mich beiseite und sagt: „Dich können wir im Verein gut brauchen. Magst du dich nicht noch mehr und vielleicht auch im Vorstand einbringen?"

4. WARUM DER ANFANG NUR HEUTE SEIN KANN

„Sind Sie dabei, merken Sie es! Oder merken Sie es erst, wenn alles verteilt ist?"

RICHARD DAVID PRECHT

Kennen Sie den Ditch New Year's Resolutions Day? Die US-Amerikaner begehen ihn jedes Jahr am 17. Januar. Ein Witzbold hat ihn vor vielen Jahren ausgerufen als jenen Tag, an dem sich jedermann von seinen Neujahrsvorsätzen verabschieden darf, ohne ein schlechtes Gewissen zu haben. Seither erfreut sich der Gedenktag wachsender Beliebtheit, wohl weil der Witz einen realen Hintergrund hat. Angeblich werden 80 Prozent solcher Vorsätze sowieso nie oder zumindest nicht länger als ein paar Tage in die Tat umgesetzt. Sie sind also in der großen Masse nutzlos. Und noch mehr: Solche Vorsätze sind Verschwendung pur, weil der, der sie sich ausgedacht hat, Lebenszeit in das Ausdenken gesteckt hat und vielleicht auch noch Energie in halbherzige Umsetzungsversuche.

Deshalb machen nicht eingehaltene Vorsätze in hohem Maße unzufrieden. Im Abgleich zwischen Wunsch und Realität muss der Mensch frustriert feststellen: Ich habe es nicht hingekriegt – ein Gedanke voll negativer Energie. Kein Wunder also, dass jemand auf den Trichter gekommen ist, zu sagen: Wir suchen uns einen Tag, an dem wir offiziell die Vorsätze über Bord werfen und aufhören, uns deshalb schlecht zu fühlen.

VOM LÖSUNGSDENKER ZUM WUNDERMACHER.

Mit Ideen ist das nicht anders. Die innovativste Idee hat keine positive Wirkung, weder bei Ihnen noch in der Welt, solange Sie sie nicht umsetzen. Deshalb braucht jedes Wunder auch einen dezidierten Anfang. Denken allein reicht nicht. Wir brauchen Denker, die zu Machern werden. Vom Lösungsdenker zum Wundermacher.

Also, Wundermacher, auf in die Tat und losfabriziert?

DER ANFANG VOM ANFANG

Meine Einleitung lässt sich leicht als Aufforderung verstehen, nicht lange zu zaudern, sondern so schnell wie möglich ans Werk zu gehen. Das sollte ein Wundermacher meiner Ansicht nach auch tun, doch anders, als Sie wahrscheinlich denken: Denn nicht der erste Handgriff ist der Anfang der Tat. Es steht noch etwas anderes davor und dieses Etwas macht den Unterschied zwischen der Umsetzung mit und ohne Erfolg ...

Der Grund, warum Neujahrsvorsätze bzw. so viele geniale Ideen nie umgesetzt werden, ist, dass es an einer Entscheidung fehlt. Das innere Pendel wandert ständig zwischen Ja und Nein hin und her. Ständig tauchen neue Gegenargumente, Zweifel, Befürchtungen und Ängste vor einem Scheitern auf. Alle Energie fließt in das Pendeln. Wenn Sie eine alte Uhr beobachten: Um wie viel bewegt sich das schwingende Pendel nach vorne? Genau! Überhaupt nicht.

Solange Sie keine klare Entscheidung getroffen haben, werden alle Versuche, in die Tat zu gehen, über kurz oder lang scheitern. Das heißt, am Anfang eines Wunders steht die Entscheidung dafür.

AM ANFANG EINES WUNDERS STEHT DIE ENTSCHEIDUNG DAFÜR.

Stellen Sie sich vor, Sie haben eine Idee mit Wunderpotenzial. Damit Sie zu einer Entscheidung kommen können, brauchen Sie zunächst eine konkrete Vorstellung von dieser Idee. Da sind Sie als Lösungsdenker wieder gefragt: Wie sieht das Ziel aus? Wie könnte der Weg dahin aussehen? So formen Sie aus einem vagen Traum ein Bild. Achtung: Das ist noch nicht Ihre Entscheidung. Die kommt erst danach.

Denn nun schauen Sie sich dieses Bild an. Was löst es in Ihnen aus? Sagt Ihre innere Stimme „Sehr nett." oder sagt sie „Das ist es!"? Sind Sie nur angetan oder sind Sie begeistert? Auch angesichts des Weges: Haben Sie den festen Willen, es durchzuziehen? Hinterfragen Sie in aller Ruhe die Anziehungskraft, die das Bild auf Sie hat.

Nur so schaffen Sie Klarheit für sich. Indem Sie sich trotz der ständigen Ablenkungen, die jeden von uns tagtäglich umgeben, die Phasen der Ruhe verschaffen, von der ich schon im letzten Kapitel gesprochen habe. Die vielen Schwebstoffe im Wasser Ihres Lebens sollten Sie nicht nur herabsinken lassen, um herauszufinden, was Ihr Element ist. Auch für klare Entscheidungen brauchen Sie diesen Durchblick. Und je größer Ihre Idee ist, umso mehr.

Ganz so wie Martin Luther sagte: „Ich habe heute viel zu tun, darum muss ich heute viel beten."

DAFÜR ODER DAGEGEN?

Solange Sie keine konkrete Vorstellung haben, können Sie sich zwar etwas vornehmen. Sie können auch einmal darüber reden. Aber Sie haben sich nie die entscheidende Frage beantwortet: „Will ich das tun?" Denn wer immer eine Idee verwirklichen möchte: Das Tun gehört dazu. Zumindest die richtigen Dinge anzustoßen, mit den richtigen Menschen zu reden, die ersten Schritte zu bahnen – das kann zu diesem Zeitpunkt niemand anderes als der Ideengeber. Er steht in der Pflicht, den Anfang zu machen – wenn er sich für die Idee entschieden hat.

Wenn Sie sich an dieser Stelle gegen die Idee entscheiden, weil Sie sich von ihr doch nicht so angezogen fühlen oder weil Sie den Weg dahin für zu aufwendig halten: vollkommen in Ordnung! Wichtig ist nur, dass Sie eine klare Entscheidung treffen, dafür oder dagegen. Dazwischen geht nicht.

Sonst geht es Ihnen wie den vielen Neujahrsvorsätzlern, die irgendwie mal loslegen und es auch ganz schnell wieder sein lassen. Selbst wenn Ihnen nicht so schnell die Puste ausgeht: Wo würden Sie landen, wenn Sie nicht genau wüssten, wohin Sie eigentlich wollen? Das bleibt dem Zufall überlassen. Wenn Sie das in Kauf nehmen, empfehle ich Ihnen: Sparen Sie sich die Energie, die Sie in Ihre vage Idee stecken. Spielen Sie stattdessen Lotto und fangen mit Ihrer Zeit etwas Sinnvolleres an.

MIT EINEM KLAREN ZIEL LÄSST SICH DER ERFOLG FAST NICHT VERMEIDEN.

Mit einem klaren Ziel aber, für das ein Wundermacher sich entscheidet, weil es ihn mit großer Kraft anzieht und ihm den nötigen Willen gibt, lässt sich der Erfolg fast nicht vermeiden. Das ist der richtige Anfang für ein zukünftiges Wunder. Je klarer, umso besser. Außer er hat seinen Blick in die falsche Richtung gelenkt.

WO ALLES SCHÖN ÜBERSICHTLICH WAR

Für den Blick gibt es nur zwei Alternativen, nach vorne oder nach hinten. Klar, jeder muss sich für eine Blickrichtung entscheiden: Nach vorne und nach hinten gleichzeitig – damit stößt ein Mensch an seine physischen Grenzen.

Ich dachte früher, dass es sich eigentlich von selbst versteht, dass der Blick für die Entscheidungsfindung nach vorne gehen muss. Schließlich machen wir uns damit ein Bild von etwas, was es weder in der Gegenwart noch

in der Vergangenheit gegeben hat. Doch die Erfahrung hat mich gelehrt: Viele treffen ihre Entscheidung, indem sie ihren Blick konsequent nach hinten richten.

Das hat schon etwas für sich. Schließlich vermittelt der Blick nach hinten eine gewisse Sicherheit. Sie sind vor Überraschungen gefeit, denn Sie sehen nur, was schon einmal da war. All die verwirrenden Möglichkeiten und Optionen, die sich damals geboten haben, sind verschwunden, übrig bleibt das eindimensionale Bild von dem, was Realität geworden ist. Das ist schön übersichtlich, aber gleichzeitig die Krux. Denn wie schon John F. Kennedy sagte: „And those who look only to the past or the present are certain to miss the future." Die, die nur auf die Vergangenheit oder die Gegenwart schauen, werden mit Sicherheit die Zukunft verpassen.

Die Rückwärtsgewandten tun sich auch im Verlauf schwer, wenn sie sich auf den Weg gemacht haben. Mit dem Blick nach hinten können sie den Weg nicht erkennen, der vor ihnen liegt. Sie bemerken Hindernisse erst, wenn sie direkt auf sie stoßen. Und Chancen am Wegesrand können sie erst sehen, wenn sie bereits an ihnen vorbei sind und die Gelegenheit Geschichte ist.

Denn mit dem Blick zurück können Sie nur aus Ihren Erfahrungen von Gestern auf das Morgen schließen. Und damit können Sie gründlich falsch liegen. Ich habe Ihnen schon von meinem Vetter, dem Landwirt, erzählt. Von ihm erfahre ich immer wieder erstaunliche Dinge. Seine Kühe stehen seit der Umstellung seines Hofes auf ökologische Bewirtschaftung auf der Weide. Er lässt sie jeden Morgen durch ein Gatter hinaus. Am Abend erwarten sie ihn vor demselben Gatter schon muhend, damit er sie wieder in den Stall zum Melken führt. Eines Tages hat sich jemand einen schlechten Scherz erlaubt und den Zaun rechts und links von dem Tor zerschnitten. Der Weg war also frei für die Kühe, zum Stall oder wohin auch immer zu trotten, unabhängig davon, wann mein Vetter käme. Doch wartete die gesamte Herde – ungeduldig muhend wie immer – vor dem verschlossenen Gatter. Aus ihrer Erfahrung wussten sie schließlich, dass der Weg zum Stall nur durch das Tor führt.

MIT DEM BLICK ZURÜCK KÖNNEN SIE NUR AUS IHREN ERFAHRUNGEN VON GESTERN AUF DAS MORGEN SCHLIESSEN.

Am schwersten lastet auf mir die Vorstellung, dass denen, die nur nach hinten sehen, die Vorbilder für den mutigen Fortschritt fehlen. Sie haben nicht die Chance, von diesen zu lernen.

Da haben es diejenigen viel besser, die ihren Blick in die Zukunft richten. Es drängt sie nach vorne und sie geben sich gegenseitig Impulse. Sie können sich sogar zusammentun, denn ihre Richtung ist dieselbe. Wer also etwas Wunderbares anpeilen will, für den ist klar, dass der Blick nach vorne gehen muss. Doch auch wenn ich Sie jetzt vielleicht verwirre: Ganz so einfach ist die Sache nicht.

DIE ENERGIE AUS DER TIEFE

Wenn Sie Ihren Blick stur und ausschließlich nach vorne richten, lassen Sie eine Ihrer wichtigsten Ressourcen unbeachtet: all das Positive, was Sie aus Ihrer Vergangenheit mitbringen. Wären Sie ein Baum, wären das Ihre Wurzeln. Diese erschließen Ihnen Wasser und Nährstoffe. Ihre Wurzeln verschaffen Ihnen Zugang zu der Kraft, die in Ihnen steckt. Da geht es um Erfahrungen, Erkenntnisse und Werte. Und nicht nur Ihre eigenen, sondern auch die Ihrer Familie und Ihres Umfeldes sowie die Traditionen, mit denen Sie groß geworden sind. Das ist Ihre innere Heimat und ein positives Vermächtnis Ihrer Vergangenheit. Sie ist eine dauerhafte Energiequelle. Gleichzeitig geben Ihnen diese Wurzeln auch Halt. Das können Sie gut brauchen, wenn es mal stürmisch wird. Sie lassen sich von widrigen Umständen nicht so leicht umwerfen.

EIN POSITIVES VERMÄCHTNIS IST EINE DAUERHAFTE ENERGIEQUELLE.

Deshalb plädiere ich für den Blick nach vorn, bei dem die Vergangenheit im Augenwinkel mitläuft. Das Prinzip ist millionenfach bewährt. Überlegen Sie mal, wie Sie Auto fahren. Sie haben eine sehr große Frontscheibe, die Ihnen freie Sicht nach vorne gewährt. Ihre Konzentration liegt auf dem Geschehen vor Ihnen. Doch Sie nehmen auch das Geschehen hinter Ihnen wahr: Der Rückspiegel am Rande Ihres Sichtfeldes hält Sie auf dem Laufenden, ohne Ihren eigentlichen Fokus zu stören. Und im Bedarfsfall können Sie ganz gezielt einen Blick nach hinten werfen, um sich das zu holen, was Sie gerade brauchen.

Ich bin kein Romantiker. Nicht alles, was ein Mensch in seinem Rucksack aus der Vergangenheit mitbringt, strahlt positive Energie aus und ist nützlich. Wahrscheinlich ist auch der ein oder andere Ballast dabei, der ihm das Vorankommen schwer macht. Ich empfehle daher jedem: Schleppen Sie Ihren Rucksack nicht unbesehen mit sich herum, sondern sortieren Sie das Negative aus. Kommen Sie mit sich ins Reine. Das geht nur durch aktive

Selbstreflexion. Von alleine verschwindet der Ballast nicht. Schauen Sie deshalb Ihren Rucksack immer wieder durch, werden Sie das Negative los und setzen Sie gewinnbringend das ein, was sich dort Positives ansammelt. Nutzen Sie es, um zum Beispiel ein nachhaltiges Wirtschaftswunder zu entwickeln – ich bin zutiefst davon überzeugt, dass Sie Ihre Wurzeln dafür brauchen.

SCHLEPPEN SIE IHREN RUCKSACK NICHT UNBESEHEN MIT SICH HERUM.

MEHR ALS SIE DENKEN

Es gilt also, die Zukunft fest im Blick zu haben, ohne die Vergangenheit auszublenden – sowohl bei der Entscheidung für Wunderbares als auch bei der Gestaltung des Weges dahin. Denn so hat der Wundermacher nach dem Losfahren im Rückspiegel immer auch das Stück Weg im Blick, das er in Richtung seines aktuellen Ziels schon zurückgelegt hat. Das kann er sehr gut brauchen, denn kein Weg besteht nur aus einem großen Schritt. So ist das auch im Leben: Sie können in einem Jahr nicht alles schaffen. Aber in sieben Jahren schaffen Sie mehr als Sie denken. Dafür gibt es nur die eine Voraussetzung, dass Sie auf Ihrem Weg bleiben.

SIE KÖNNEN IN EINEM JAHR NICHT ALLES SCHAFFEN. ABER IN SIEBEN JAHREN SCHAFFEN SIE MEHR ALS SIE DENKEN.

Im ersten Jahr sind Sie oft noch voller Euphorie und Tatendrang. Sie bringen viel voran, doch bis eine große Sache wirklich startet und Wirkung zeigt, ist schnell ein Jahr vergangen. Die Enttäuschung über die lange Anlaufphase führt oft dazu, dass Sie den Fortschritt, den Sie schon erreichen konnten, nicht wahrnehmen. Dafür ist der Blick in den Rückspiegel gut. Denn mit Sicherheit hat Ihnen dieses eine Jahr auch schon erste Erfolge gebracht, die Sie wiederum nutzen können.

Doch zurück zum Ausgangsthema: Am Anfang jedes Wunders steht die Entscheidung. Und die trifft ein Wundermacher besser früher als später.

AUF DEM MARTERLWEG

Stellen Sie sich wieder vor, dass Sie der Wundermacher sind, der sich auf den Weg gemacht hat. Ein zügiges Zur-Tat-Schreiten ist die einzige Möglichkeit, wie Sie sich Gewissheit verschaffen können: die Gewissheit, dass Sie dabei sind, Ihrer Idee in dieser Welt ein Gesicht zu geben, und die Gewissheit, dass der Weg, den Sie sich erdacht haben, genau so gangbar ist. Denn bei allem Weitblick nach vorne: Sie werden nie den ganzen Weg haarklein voraussehen können. Das hat noch nie funktioniert.

Allein aufgrund der Tatsache, dass Sie von da, wo Sie jetzt stehen, nur aus einer Perspektive auf alles schauen, kann Ihnen vieles verborgen bleiben – so sehr Sie sich auch im Vorfeld bemühen. Das ist wie bei der Wanderung auf einen Berg: Mit jedem Schritt ändert sich Ihre Perspektive und Ihr Sichtfeld ein wenig. Sie werden von Minuten zu Minute mehr über Ihre Umgebung erfahren, solange Sie in Bewegung bleiben.

LASSEN SIE SICH NICHT VOM LOSLEGEN ABHALTEN, NUR WEIL SIE DEN WEG NOCH NICHT KOMPLETT VOR SICH SEHEN.

Lassen Sie sich deshalb nicht vom Loslegen abhalten, nur weil Sie den Weg noch nicht komplett vor sich sehen. Dazu möchte ich Ihnen eine kleine Geschichte erzählen. Oder besser gesagt möchte ich jemand anderes dazu zu Wort kommen lassen, sobald ich Ihnen die Vorgeschichte kurz geschildert habe. Der Heimat- und Kulturverein Waldeck hat vor einigen Jahren unserem örtlichen Marterlweg eine Anbindung an ein Projekt namens „Lebenswege Kemnather Land" ermöglicht. Einheimische und Besucher können diese Wanderwege beschreiten und gleichzeitig die Nordoberpfälzer Heimat als bewegendes Zeichen für Leben, Veränderung und Ausblick „erlaufen". Am Wegesrand des sieben Kilometer langen Marterlweges erzählen 13 dieser kleinen Mahnmale der Frömmigkeit ihre Geschichte. Groß und Klein können sich hier Geh-danken machen.

Kathrin Karban-Völkl, mit der wir das Projekt umgesetzt haben, macht heute noch laufend Führungen vor Ort. Sie sagt zu diesem Anlass stets: „Manchmal muss man auch losgehen, wenn noch kein Weg sichtbar ist." Und dann erzählt sie die Geschichte aus der Bibel von den drei Frauen, die ans Grab gingen:

Es ist früh am Morgen am Tag nach dem Sabbat, die Sonne geht gerade erst auf. Endlich ist der vorgeschriebene Ruhetag vorbei. Endlich können die drei Frauen sich auf den Weg machen. Sie haben gemeinsam die Entscheidung getroffen, den Leichnam Jesu zu salben.

„Hast du das Öl?", fragt Maria aus Magdala die andere Maria, die Mutter des Jakobus, als sie durch die morgendliche Stille wandern.

Die nickt schweigend und hält die kleine Amphore hoch. Teuer ist es gewesen, aber das zählte nicht.

Schweigend gehen sie weiter, bis Salome fragt: „Wer wird uns eigentlich den Stein wegwälzen, mit dem Josef von Arimathäa das Grab verschlossen hat? Wir sind doch viel zu schwach dafür."

„Das wissen wir noch nicht", antwortet ihr die ältere der beiden Marias. „Aber wir werden einen Weg finden."

Ich habe das selbst schon mehrfach erlebt, dass sich mit einem Ziel vor Augen der Weg trotz anfänglicher Unklarheit ergibt. Eines meiner liebsten Beispiele ist die Kongressreihe „Führung mit christlichen Werten".

Zu Beginn hatte ich mich nur innerlich für die Idee einer solchen Veranstaltung entschieden. Über eine Örtlichkeit, die Organisation oder Ähnliches hatte ich mir noch keine Gedanken gemacht, als ich 2015 mit Thomas Völkl und Wilfried Mödinger über die Idee sprach und so die Initiative ins Rollen brachte. Ich ahnte damals selbst noch nicht, dass aus einem Event eine ganze Serie werden würde.

Der Kongress hat im Frühjahr 2019 zum inzwischen achten Mal stattgefunden. Und da es inzwischen Anfragen für Veranstaltungen auch an anderen Orten gibt, haben wir einen Verein gegründet, der die Reihe fortführen wird. Hätte ich mir 2015 erst noch Gedanken gemacht, wie ich das Thema genau platzieren könnte, ob es genügend Resonanz erzeugen würde und wann ein geeigneter Zeitpunkt dafür wäre, hätte dieses Hinauszögern des Handelns außer Zeitverlust nichts eingebracht. Ich möchte Sie deshalb ermutigen, einfach anzufangen, sobald Sie die Entscheidung für Ihre Idee getroffen haben.

ICH MÖCHTE SIE ERMUTIGEN, EINFACH ANZUFANGEN.

Was höre ich da im Hintergrund? Ein „Ja, aber ist das nicht riskant?"? Diesen Zwischenruf kann ich durchaus verstehen ...

100 PROZENT UND MEHR

Wir alle werden schon sehr früh darauf getrimmt, dass es nicht in Ordnung ist, Fehler zu machen. Im Diktat in der Schule werden nicht diejenigen Worte dick angestrichen, die wir als Schüler richtig geschrieben haben,

sondern nur die Fehler. Wir werden nicht an der Zahl unserer Erfolge, sondern an der Zahl unserer Fehlversuche auf dem Weg dahin gemessen. Scheitern gilt bei uns – im Gegensatz zu den USA – nicht als Pluspunkt im Sinne einer gesammelten Erfahrung, sondern als Minuspunkt im Sinne eines Versagens. Entsprechend versuchen wir, Fehlentscheidungen auf jeden Fall zu vermeiden.

Das ist auch in sehr vielen Unternehmen so: Wenn ein Mitarbeiter eine mutige Entscheidung trifft und es funktioniert nicht ganz so wie erhofft, fällt er unangenehm auf. Die dagegen, die möglichst viele Einwände gegen neue Ideen vorbringen, genießen einen guten Ruf. Gerade in den großen Unternehmen gibt es Funktionsträger, die ihre Hauptaufgabe anscheinend darin sehen, Bedenken zu äußern und Gründe ins Feld zu führen, warum etwas nicht geht.

ES GIBT FUNKTIONSTRÄGER, DIE IHRE HAUPTAUFGABE ANSCHEINEND DARIN SEHEN, BEDENKEN ZU ÄUSSERN.

Ich habe persönlich nichts gegen Controller, ich habe selbst ein Buch über Finanzmanagement geschrieben, aber diese Berufsgruppe ist in Konzernen geradezu prädestiniert dafür, als Ideenkiller aufzutreten. Die Umsetzung von innovativen Ansätzen erfordert in aller Regel zuerst einmal eine Investition und das ruft automatisch die Schatzhüter auf den Plan.

Erinnern Sie sich an den kreativen Brauereibesitzer Hörnlein, von dem ich im Kapitel über die wunderbaren Zeiten berichtet habe? Seine erfolgreiche Geschäftsidee basiert genau auf diesem Merkmal, das auch für Getränkekonzerne typisch ist: Wenn dort intern einer mit einer Idee ankommt, wird der sofort ausgebremst. Erst wenn einer wie Ludwig Hörnlein von außen kommt und Innovationen in kleinen Chargen zum Test anbietet, ist das Sicherheitsbedürfnis gestillt.

Am allerliebsten hätten die Firmen 100-prozentige Sicherheit. Dafür investieren sie viel Zeit und teils auch große Summen. Ich erlebe diesen Drang auch und besonders in meinem eigenen beruflichen Umfeld. Wir haben in der Volksbankgruppe ein „digitales Sparschwein“ entwickelt – sehr modern und inklusive App. Wir haben extra ein Start-up rund um diese

Idee gegründet. Und doch beschloss die Mehrheit der Beteiligten, zusätzlich noch ein externes Beratungsunternehmen mit hinzuzuziehen, um noch im Vorfeld mit einem perfekten Businessplan den Erfolg abzusichern. Ich gebe zu, dass mich so etwas zur Verzweiflung bringt. Wenn Sie schon Netz und Fallschirm aufgespannt haben: Brauchen Sie wirklich noch eine Sicherheitsleine? Es gibt keine Garantie für Erfolg und kein Geheimrezept, mit dem Sie ein Unternehmen gründen können, das vom ersten Tag an und für die nächsten 100 Jahre Gewinn abwirft.

UND JETZT GEHEN WIR AN DIE ARBEIT!

Ich habe manchmal den Eindruck, wir Deutsche brauchen sogar eine 120-prozentige Sicherheit, um uns mit einer Entscheidung richtig wohl zu fühlen. Diese Sehnsucht nach der absoluten Sicherheit zeigt sich auf vielen Ebenen. Ich kann mich erinnern, wie ich für die Junge Union in meinem Heimatort ein großes Fest in einem alten Steinbruch als Leiter organisiert habe. Am Morgen vor der Veranstaltung stand das Wetter auf der Kippe. Möglicherweise würde es regnen. Möglicherweise aber auch nicht. Und wir standen vor der Frage: Aufbauen oder absagen? Käme der große Regen, kämen keine Gäste und alle unsere Mühe wäre umsonst gewesen.

DIE SEHNSUCHT NACH ABSOLUTER SICHERHEIT ZEIGT SICH AUF VIELEN EBENEN.

Ich stand im Kreis der Helfer, es war eine heftige Diskussion im Gange. Ich setzte mich dafür ein, es auf jeden Fall zu versuchen, doch ich hatte viele gegen mich. Ihnen war die Unsicherheit zu groß. Als klar wurde, dass wir zu keiner Einigung kommen würden, sagte ich: „Ihr habt mich zum Festleiter gemacht, also entscheide ich jetzt, dass wir aufbauen. Und jetzt gehen wir an die Arbeit!“

Verdutzt schauten sie mich an. Der ein oder andere murrte noch ein wenig, aber die Mehrheit wirkte fast erleichtert. Es hatte einer die Entscheidung für alle getroffen. Das gab ihnen die Sicherheit, die sie sich gewünscht hatten. Das Glück war übrigens auf meiner Seite damals. Das Wetter wurde bis Mittag immer schöner und am Abend war herrliches Wetter. Das Fest war ein voller Erfolg.

Doch der Mut, solche kritischen Entscheidungen zu treffen, wird in den Unternehmen fast systematisch untergraben. Und wer soll es den Mitarbeitern verdenken, dass sie immer weniger motiviert sind, Risiko auf sich zu nehmen und Entscheidungen zu treffen. Doch leider gibt es ohne Entscheidung – Sie erinnern sich an den Beginn des Kapitels – keinen Anfang für ein Wunder.

Je mehr Hierarchien eine Organisation hat, desto lieber wird der Schwarze Peter der Entscheidung eine Ebene weiter nach oben geschoben. Und landet sie erst in der obersten Chefetage, kann der Entscheider dort gar nicht besser wissen, was zu tun ist – dafür ist er viel zu weit weg von der Lage vor Ort. Und doch wird von ihm erwartet, dass er sagt, was zu tun ist – damit die „Schuld" bei ihm liegt, wenn es schiefgeht.

Im Extrem führt diese mangelnde Fehlerkultur dazu, dass keiner mehr überhaupt eine Entscheidung trifft – weil jeder zunächst die absolute Sicherheit haben möchte, dass nichts schiefgehen kann. Doch die gibt es nicht. Und so vergeht die Zeit und nichts passiert.

WER GAR ZU VIEL BEDENKT, ...

Und selbst wenn Sie mit den aufwendigsten Mitteln alle Fakten zusammengetragen, alle Argumente gegeneinander abgewogen und alle Einwände entkräftet haben – wenn Sie also alles für die 100-prozentige Absicherung getan haben: Es wird mit allergrößter Wahrscheinlichkeit nicht alles so

eintreffen, wie Sie es vorausgesehen haben. Eine Theorie ist praktisch nie zu 100 Prozent auf die Praxis übertragbar. Das ist der Unterschied, den das Leben macht. Ich nenne es den Unterschied zwischen planbar und berechenbar ...

ES GIBT EINEN UNTERSCHIED ZWISCHEN PLANBAR UND BERECHENBAR.

Ja, Sie können vieles, sehr vieles sorgfältig planen und vorbereiten. Stellen Sie sich vor, Sie haben einen Acker und Ihr Ziel ist es, Jahr für Jahr eine reiche Ernte damit zu erwirtschaften. Sie planen also jährlich, wann Sie das Feld umpflügen, was das beste Saatgut ist, wann Sie optimalerweise säen und so weiter. Und jedes Jahr arbeiten Sie Ihren Plan akribisch ab. Doch wieviel Doppelzentner Sie mit einem Kilogramm Saatgut erzielen, wird von Ernte zu Ernte verschieden sein. Sie werden es nie mathematisch genau berechnen können.

Das einzige, was Sie für den Erfolg tun können: das Ihre dazu beitragen, damit Sie möglichst viel Ertrag erreichen. Nicht mehr, aber eben auch nicht weniger. Wenn Sie nur darüber nachdenken, wie Sie Ihren Acker noch besser bestellen können, aber erst im Herbst dann so weit sind, es auch zu tun, wird Ihre Ernte auf jeden Fall ausfallen. Friedrich Schiller legt seinem Wilhelm Tell die Worte in den Mund: „Wer gar zu viel bedenkt, wird wenig leisten.“ Das gilt auch in Wirtschaft und Gesellschaft.

Einfach zu machen braucht durchaus 100 Prozent. Jedoch nicht in puncto Sicherheit.

DAS 80/100-PRINZIP

Mit 0 Prozent Vorstellung vom Weg zu starten, ist blinder Aktionismus. Erst dann zu starten, wenn jeder Schritt zu vermeintlich 100 Prozent abgesichert ist, ist blinder Perfektionismus. Keines von beidem passt zum Lösungsdenker und Wundermacher.

DIE RESTLICHEN 20 PROZENT
ENTWICKELN SIE IN DER PRAXIS.

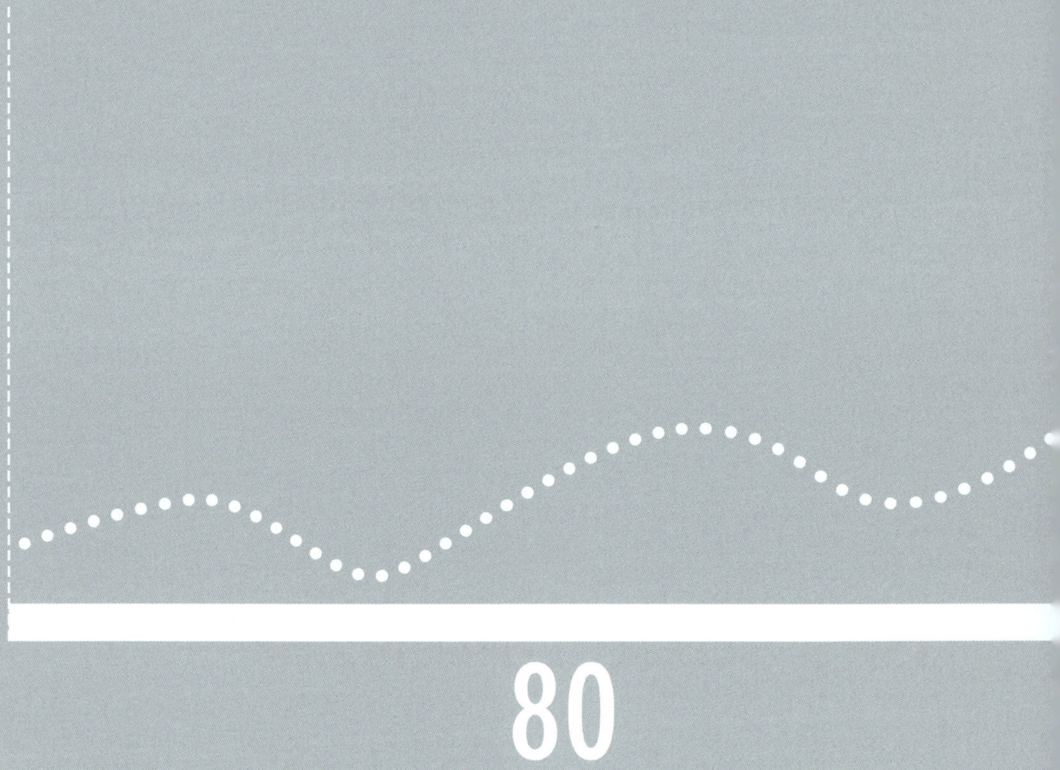

20

Meine Erfahrung ist, dass Sie für große Ideen mit 80-prozentiger Sicherheit startklar sind. Bei 80 Prozent haben Sie schon alles getan, um die wichtigen Stationen und Ihre Ressourcen zu klären und Ihre Chancen besser als 50:50 werden zu lassen. Sie sind sich über die grundsätzlichen Fragen und über die grobe Stoßrichtung im Klaren und haben einen Plan, an den Sie glauben. Was Sie jedoch nicht getan haben, ist, jeden Schritt bereits dreimal zu verproben. Diese restlichen 20 Prozent entwickeln Sie in der Praxis. Sie machen die Verprobung in der Realität zum Bestandteil Ihres Machens.

Ein Beispiel, dass dieses Prinzip funktioniert, liefert die Entstehungsgeschichte eines der heute größten Unternehmen der Welt. Larry Page und Sergey Brin wollten Mitte der 1990er-Jahre über ihre Idee von einer Suchmaschine zunächst eine wissenschaftliche Arbeit schreiben, um die Logik dahinter abzusichern. Ihr Professor aber riet ihnen: „Schreibt keine theoretische Arbeit, sondern baut einen Prototyp und testet den in der Realität mit vielen Anwendern." Daraus entstand Google.

Jede Idee, jedes Produkt muss sich in der Praxis bewähren. Und weil Sie am Reißbrett nie exakt die Wirklichkeit nachstellen können, kommen Sie zum wesentlich besseren Ergebnis, wenn Sie sich früh genug die Praxis in die Entwicklung einbauen. Wenn Sie also mit 80 statt mit 100 Prozent starten.

Doch – wie gesagt – in einem Bereich brauchen Sie auf jeden Fall 100 Prozent. Bei der Energie und der Überzeugung, mit der Sie diesen Anfang angehen. Wenn Sie beginnen, dann beginnen Sie richtig. Mit voller Power. Bei uns in der Oberpfalz sagt man: „Mach's gscheit oder gar net."

„MACH'S GSCHEIT ODER GAR NET."

Das geht nur mit Begeisterung und dem Willen dranzubleiben. Wenn Sie Ihre Fußballmannschaft zum überraschenden Kreismeistertitel schießen wollen und lassen schon in der ersten Woche zwei der drei angesetzten Trainings sausen, dann wird nichts aus dem erhofften Wunder. Dann sind Sie trotz Ihrer Entscheidung auf die Ebene der guten Vorsätze zurückgefallen. Vielleicht schafft Ihre Mannschaft auch ohne Ihren vollen Einsatz ein paar Siege, aber zur wahren Klasse werden sie durch Ihren mangelnden Einsatz nicht kommen – so gut Ihr Trainings- und Spielplan auch war. Und so ist die halbe Energie, die Sie auf die Art investieren, auch vergeudet, denn es kann höchstens Mittelmaß herauskommen.

So ist das auch in der Wirtschaft. Den Unterschied zwischen gut und exzellent machen am Ende nicht die perfekte Planung, sondern Disziplin und Durchhaltevermögen. Und die kriegt nur hin, wer mit 100 Prozent Überzeugung an die Sache herangeht. Und eines kann ich Ihnen garantieren: Diese 100 Prozent zahlen sich immer aus.

DIE GARANTIE

Ein 100-prozentiger Einsatz ist die Voraussetzung, aber nicht die Garantie für einen wunderbaren Erfolg. Eine Garantie für Zufriedenheit ist er dagegen schon. Denn wenn ein Wundermacher sich mit voller Kraft für sein Vorhaben eingesetzt hat, bleibt ihm selbst im Fall eines Scheiterns die Gewissheit: ‚Ich habe alles dafür getan, dass es funktioniert. Insofern kann ich mit mir zufrieden sein.'

Jedes Scheitern ist besser, als dass Sie sich sagen müssen: Ich habe nie versucht, die Idee, für die ich brannte, umzusetzen. Auch eine Grenze, die Sie erfahren haben, beschert Ihnen eine Erkenntnis und macht Sie schlauer für Ihr nächstes Vorhaben. Sie haben erkannt, dass es so nicht geht, so brauchen Sie es kein zweites Mal zu versuchen.

Als Thomas Alva Edison mit seinem Team daran arbeitete, eine marktreife Glühbirne zu entwickeln, sagte ein Mitarbeiter nach dem 1000. erfolglosen Versuch zu ihm: „Wir sind gescheitert." Doch Edison antwortete: „Ich bin nicht gescheitert. Ich kenne jetzt 1000 Wege, wie man keine Glühbirne baut." Und 8000 weitere Versuche später meldete er sein Patent für das Produkt an, das für die nächsten Jahrzehnte der Inbegriff der Leuchten sein sollte und Edison zu einem reichen Mann machte.

Das 80/100-Prinzip ist, wie Sie sehen, kein neuer Ansatz. Aber er ist moderner denn je.

DAS 80/100-PRINZIP IST MODERNER DENN JE.

Übrigens: Agilität gilt als der letzte Schrei in Sachen Organisationsmanagement. Wenn Sie den Begriff in Google eingeben, spuckt die Suchmaschine fast drei Millionen Treffer aus. Doch die Methode ist im Grunde nichts anderes als anzufangen, ohne den Weg genau zu kennen, die Verantwortung für dieses Anfangen zu übernehmen, vom Kunden aus zu denken und flexibel auf die Chancen zu reagieren, die sich auf dem Weg auftun. So gesehen ist jedes Wirtschaftswunder bisher mit agilen Mitteln erreicht worden - auch als der Begriff noch nicht erfunden war.

Deshalb ist 80/100 das Gebot der Stunde. Und ich glaube, dass wir uns gar nichts anderes mehr leisten können.

VERLOREN

Das Beratungsunternehmen PricewaterhouseCoopers hat 2017 Smartphone-Besitzer in Deutschland gefragt, welche Bezahldienste sie vom Namen her kennen. Stolze 81 Prozent nannten PayPal. Das Konkurrenzangebot der deutschen Banken und Sparkassen, das unter der Bezeichnung paydirekt seit 2014 auf dem Markt ist, taucht in dieser Umfrage nicht einmal auf. Ich weiß, dass die beteiligten Institute enorm viel Ressourcen in die Entwicklung dieser deutschen Alternative zum US-amerikanischen Marktführer investiert haben. Händeringend haben sie versucht, den Anschluss an die Konkurrenz zu schaffen und bei den Kunden Fuß zu fassen. Bisher vergeblich. Und eine markante Änderung ist nicht in Sicht.

Dies ist bei Weitem nicht das einzige Beispiel dafür, dass Unternehmen heute an ihrer viel zu späten Reaktion auf Chancen im Markt leiden. Sehen Sie sich an, wie schwer sich MediaMarkt im Online-Vertrieb von elektronischen Geräten tut. Selbst als sich abzeichnete, dass Amazon auch mit teuren Elektronikgeräten erfolgreich Geschäft machte, reagierte die Kette nicht. Der rührige Manager, der sich vor zehn Jahren intern für die Online-Sparte stark gemacht hatte, wurde entlassen. Die späten und kostspieligen Versuche von MediaMarkt, die Lücke wieder zu schließen, sind bisher fehlgeschlagen.

Die Zahl der großen Unternehmen, die den Anschluss auf ihren Märkten komplett verloren haben, ist lang – obwohl sie ehemals Platzhirsche waren. Denken Sie an Grundig, Schlecker, Quelle auf dem deutschen Markt oder Blackberry, Yahoo, Nokia als internationale Konzerne. Sie alle haben ihren Zug verpasst, weil es an mutigen Entscheidungen gefehlt hat.

Ein Jeff Bezos dagegen hat 1994 seinen gut dotierten Job bei einem New Yorker Vermögensverwalter gekündigt und angefangen, von seiner Garage aus einen Online-Buchhandel aufzubauen. Ich glaube nicht, dass er selbst ahnte, was aus Amazon einmal werden würde. Er hat einfach gemacht.

HEUTE MUSS ES HEUTE SEIN

Unabhängig davon, ob Sie die Zeiten für schwierig oder für wunderbar halten: Ich nehme an, Sie stimmen mir zu, dass die Geschwindigkeit, mit der Veränderungen passieren, massiv gestiegen ist. Entsprechend ist Zeit ein kritischer Faktor geworden. Wer zu spät kommt, den bestraft der Wettbewerber.

DIE ZEIT IST EIN KRITISCHER FAKTOR GEWORDEN.

Warum? Erinnern Sie sich an das Bild vom Konzertsaal. Sobald die Türen aufgehen, strömt das Publikum hinein und besetzt die besten Plätze. Und Sie, der Sie zwar mit allen anderen im Vorraum standen, aber erst noch überlegt haben, von wo aus Sie die Vorstellung verfolgen wollen, haben das Nachsehen. Selbst wenn Sie die beste Ausgangsposition gleich vorne an der Tür hatten. Die Poleposition nützt Ihnen nichts, wenn Sie am Start stehen bleiben. Sie brauchen alle Zeit, die Sie kriegen können, und zwar aus drei Gründen:

Erstens sind die Veränderungen, die aktuell anstehen, sehr groß. Und je größer die Umwälzung ist, desto mehr Zeit brauchen Sie, um sich darauf einzustellen. Steigen Sie später ein, stehen Sie unter größerem Druck.

Je größer der Druck, desto weniger frei und kreativ können Sie Ihre Anpassung vornehmen.

Zweitens brauchen Sie für alles, was Sie noch nie gemacht haben, Übung, damit Sie es richtig gut machen. Die Zeit zum Üben verschaffen Sie sich, indem Sie frühzeitig starten.

Der dritte Grund ist aus meiner Sicht der wichtigste. Haben Sie Zeit für Ihre Entwicklung, dann haben Sie auch die Zeit, sich Fehler zu erlauben. Es gibt nun mal keinen fehlerfreien Weg zur Innovation. Denken Sie an Thomas Alva Edison und die Glühbirne. Auch wenn die großen Unternehmen sich sehr bemühen, durch die minutiöse Planung alle Fehler zu vermeiden, verhilft ihnen das nicht zu einem schnelleren Prozess. Im Gegenteil, denn sie verlieren in der Planungsphase jede Menge Zeit, die sie eigentlich für das Lernen aus den Fehlern brauchen.

Die Firmen haben sich in einen Teufelskreis hineinmanövriert. Weil Fehler bei ihnen verpönt sind, haben sie durch ausufernde Absicherungsmaßnahmen bereits viel Zeit verloren. Ihre Mitbewerber haben sich in der Zwischenzeit einen Vorsprung verschafft. Dieser Vorsprung setzt die Zögerer unter zeitlichen Druck, jeder Fehler hat objektiv schwerere Auswirkungen. Das verhindert in einer Atmosphäre der mangelnden Fehlerkultur erst recht, dass mutig nach dem 80/100-Prinzip gehandelt wird.

DIE VERZÖGERUNGEN MACHEN DEN WEG ZUM ZIEL WESENTLICH ANSTRENGENDER.

Die Verzögerungen machen den Weg zum Ziel darüber hinaus wesentlich anstrengender. Mit jedem versäumten Tag vergrößert sich der Vorsprung der Konkurrenz. Das heißt, die Unternehmen müssten schneller laufen, härter arbeiten und mehr Aufwand hineinstecken, um auch nur aufzuschließen. Von überholen spreche ich da noch gar nicht. Deshalb hat heute kein Unternehmen mehr Zeit zu verlieren. Der Anfang für eine gute Geschäftsidee, für ein Wirtschaftswunder kann nur heute sein. Jeder Tag, den sie warten, macht es schwieriger und anstrengender, den Anschluss zu halten. Jeder Tag, den sie den Start hinauszögern, macht den Erfolg unwahrscheinlicher. Auch im Hinblick auf die übernächste Innovation ...

VORSPRUNG DURCH VORSPRUNG

Wer sich einmal einen Vorsprung verschafft hat, der entdeckt auch als erstes neue Freiräume. Denn Innovationen ziehen zwangsläufig Veränderungen nach sich, die dann wiederum für neue Freiräume sorgen. Sind Sie vorne bei der Entwicklung mit dabei, dann sehen Sie die Gelegenheiten zu einem Zeitpunkt, zu dem andere noch vollauf beschäftigt sind, überhaupt dahin zu kommen, wo Sie gerade stehen. Das heißt, Sie sichern sich die Poleposition für die nächste Innovation.

SIE SICHERN SICH DIE POLEPOSITION FÜR DIE NÄCHSTE INNOVATION.

Gerade weil es uns in der deutschen Wirtschaft in weiten Teilen heute noch gut geht, sollten wir die Chance nutzen und heute viel dafür tun, dass es uns morgen auch noch gut geht. Was wir brauchen, sind nicht weniger als 100.000 Wundermacher!

Ein großes Wort, das ist richtig. Und ein unaufmerksamer Leser könnte sich nun fragen: „Ja, kann man denn Wunder überhaupt einfach machen?"

„Natürlich!", würde ich antworten. Denn die Wunder, von denen ich in diesem Buch spreche, fallen nicht vom Himmel, sondern brauchen Menschen, die sie machen. Ich kenne inzwischen etliche solche Wundermacher aus meinem beruflichen, aus meinem privaten, aus meinem ehrenamtlichen Umfeld. Vor einiger Zeit bin ich zum Sprecher der HeimatUnternehmer unserer Gegend gewählt worden. Seither komme ich aus dem Staunen kaum noch heraus, wie viele großartige Initiativen hier überall sprießen.

Aus dieser Erfahrung heraus kann ich sagen: Wundermacher haben zwar die unterschiedlichsten Eigenschaften und die unterschiedlichsten Voraussetzungen, sie sind von unterschiedlichster Herkunft. Doch in ihrer Haltung und in dem, wie sie es machen, zeigen sie in drei Bereichen ein hohes Maß an Gemeinsamkeiten. Und die kann sich theoretisch jeder aneignen.

1. WUNDERMACHER-GEMEINSAMKEIT

kraftvoll auf Kurs und doch flexibel sein

Diese Fähigkeit verdankt der Wundermacher sowohl seiner starken inneren Ausrichtung auf das Ziel, für das er sich entschieden hat, als auch der Tatsache, dass er weiß, wo seine Stärken liegen. Deshalb kann er sich gezielt da einbringen, wo er am meisten Wirkung erzeugt. So bringt er sein Vorhaben am effizientesten voran.

Für die nötige Flexibilität, den Kurs an den richtigen Ecken zur richtigen Zeit nachzujustieren, setzt er auf seine Achtsamkeit. Zum 80/100-Prinzip gehört es, dass er die letzten 20 Prozent so gestaltet, wie sie sich in der praktischen Umsetzung als am besten herausstellen. Er braucht also die Aufmerksamkeit und das Gespür für die Situation. Diese entspricht höchstwahrscheinlich nicht dem Plan. Also muss er sie stets aufs Neue erfassen und seine Schlüsse daraus ziehen, ohne den Fokus zu verlieren.

Zu diesem Punkt gehört auch, dass Wundermacher gut priorisieren, was sie wann für ihr Wunder tun. Sie können die wichtigen von den unwichtigen Maßnahmen unterscheiden. Mir gefällt folgendes Bild dafür am besten. Stellen Sie sich vor, Sie sollen einen Glaszylinder mit einigen großen Steinen und möglichst viel Sand auffüllen. Wenn Sie zuerst den ganzen Sand einfüllen und die Steine oben drauflegen, werden vermutlich nicht alle Steine reinpassen. Legen Sie aber zuerst die Steine in den Zylinder und lassen dann den Sand hineinrieseln und die Zwischenräume auffüllen, bringen Sie wesentlich mehr unter.

So macht es auch ein Wundermacher mit seinen Tagen und Wochen. Er erlaubt dem Kleinkram nicht, den Kalender so zu füllen, dass keine Zeit mehr für die Meilensteine ist. Er räumt dagegen den entscheidenden Terminen zuerst ihren Platz ein, um sicherzugehen, dass er die wirklich wichtigen Dinge erledigen kann. Darum herum findet er noch genug Lücken für die weniger bedeutenden Aufgaben des Alltags.

2.

WUNDERMACHER-GEMEINSAMKEIT

lösen können

„Probleme kann man niemals mit derselben Denkweise lösen, durch die sie entstanden sind." Dieser Satz stammt von Albert Einstein. Wundermacher haben verstanden, dass eine gute Lösung immer etwas mit Loslösung zu tun hat. Sie lösen sich immer wieder aktiv aus ihrer aktuellen Perspektive und schauen aus verschiedenen Blickwinkeln auf das vermeintliche Problem. So können sie wesentlich besser einschätzen, ob es wirklich ein Problem ist, ob es nicht einen einfachen Weg drumherum gibt und was der eigentliche Engpass ist. Dort können sie gezielt eingreifen und oft gleich mehrere Probleme auf einen Streich lösen.

Das Ablösen hat noch einen weiteren Effekt. Diesen haben Sie vielleicht auch schon an sich selbst bemerkt: Die besten Lösungen fallen Ihnen nicht dann ein, wenn Sie verbissen auf einem Problem herumkauen, sondern wenn Sie sich zeitweise mit etwas anderem beschäftigen. Egal ob Sie draußen spazieren gehen, im Garten arbeiten, unter der Dusche stehen oder Blumen für Ihre Frau kaufen. Hauptsache ist, dass Ihr Kopf frei wird. Wundermacher integrieren bewusst solche Zeitbausteine in ihren Alltag.

3.

WUNDERMACHER-GEMEINSAMKEIT

mit Selbstvertrauen und absichtslos positiv leben

Das aus meiner Sicht herausragende Merkmal von Wundermachern ist, dass sie immer davon ausgehen, dass es eine Lösung gibt und dass sie es sind, die diese Lösung anstoßen können. Das heißt, sie leben nicht nach dem Prinzip Hoffnung, dass sich schon alles von selbst richten wird oder ein anderer mit einer Lösung um die Ecke kommt, sondern sie vertrauen auf sich selbst. Das beinhaltet, dass sie mit einer ausreichenden Portion Selbstvertrauen an ihr Vorhaben herangehen.

Mit diesem Selbstvertrauen einher geht eine frohe Grundeinstellung gegenüber dem Leben insgesamt. Seit das „Positive Denken" als Erfolgsfaktor propagiert wird, bemühen sich viele angestrengt darum. Doch ich glaube, das ist der Haken an der Sache: Solange das positive Denken eine Anstrengung bleibt, um sich eine „Belohnung" zu verdienen, bleibt es ein netter Versuch. Der Wundermacher denkt absichtslos positiv, das heißt, er hat nicht die Erwartung, dass als Antwort sofort etwas Positives passiert. Er vertraut darauf, dass alles – das Positive wie das Negative – irgendwann zurückkommt. Und wahrscheinlich nicht einmal direkt, sondern über Bande: Das sind die Erfahrungen und Erlebnisse, die wir erst im Nachhinein in einem größeren Zusammenhang erkennen können.

Beides, das Selbstvertrauen wie das absichtslos positive Denken, ergibt sich fast automatisch, wenn die Grundvoraussetzung des Wundermachens gegeben ist: wenn der Wundermacher in seinem Element ist, er also sowohl für sein Anliegen brennt als auch sich mit seinen Stärken dafür einsetzt. Dann geht im Grunde alles leicht, denn der Spaß am Gestalten ist da und die Energie dafür ebenfalls. In Hülle und Fülle.

Das ist wie beim Wasser, das ganz einfach seinen Weg findet, wenn es das tut, was es am besten kann: Fließen. Deshalb ist die größte Falle für den Wundermacher, dass seine Energie abgelenkt wird.

DER UNTERSCHIED

Ein Kongresszentrum irgendwo in Deutschland. Bei der bundesweit organisierten Veranstaltung ist gerade Pause. Etwa zwanzig Bankvorstände stehen, mit ihren Kaffeetassen in der Hand, in großer Runde zusammen.

„Wie sollen wir nur mit dieser ausufernden Regulatorik klarkommen? Die bringt uns noch um", verkündet einer und alle anderen nicken.

„Und das in diesen Zeiten, wo uns die Digitalisierung das Leben eh schon so schwer macht. Wie soll das gehen?", nimmt ein zweiter den Ball auf. Wieder nicken alle, mehrere murmeln zustimmend.

„Von der Niedrigzinspolitik ganz zu schweigen ...", wirft ein dritter ein.

So geht das eine ganze Zeit. Ein jeder hat etwas zum allgemeinen Jammern beizutragen.

Ich höre mir das eine Weile an und melde mich dann zu Wort: „Ich hätte da auch mal eine Frage."

Alle Augen sind auf mich gerichtet.

„Wer kennt einen erfolgreichen Lamentierer?" frage ich und schaue in die Runde.

Kurze Pause.

Einige fangen an zu lachen, die anderen lassen sich nach kurzem Zögern davon anstecken.

Beantwortet hat mir die Frage keiner, aber das Jammern wird sofort beendet. Die Stimmung hat sich mit einem Schlag verändert.

Wer jammert und sich ärgert, der richtet seine Energie auf das Beklagen des Problems und nicht auf seine Lösung. Die Energie bleibt quasi am Problem kleben.

Das Jammern erzeugt noch dazu eine Stimmung, die ansteckend ist. Wie in einem Korb mit Äpfeln, in dem ein fauler ist, pflanzt sich das Jammern in einer Gruppe fort, sobald einer damit anfängt. Deshalb sehen klassische Meetings oft so aus: Die ersten fünfzig Minuten beklagen die Teilnehmer die kritische Situation, bis einer auf die Uhr sieht und sagt: „Oh, wir haben nur noch zehn Minuten." Hektik bricht aus und bis alle auf das Lösungsdenken umgeschaltet haben, ist das Meeting bereits vorbei.

FÜR JEDES PROBLEM GIBT ES EINE LÖSUNG.

Ein Wundermacher sollte deshalb aufpassen, dass nicht auch er in den Chor mit einfällt und seine Energie an das Problem anstatt an die Lösung fesselt. Denn für jedes Problem gibt es eine Lösung. Falls Sie den vorangehenden Satz etwas ungläubig gelesen haben: Doch, das ist so. Denn wenn es für ein Problem keine Lösung gibt, dann ist es kein Problem, sondern eine Rahmenbedingung – und die erfordert eine andere Haltung im Umgang.

„Ich freue mich, wenn es regnet, denn wenn ich mich nicht freue, regnet es auch", sagte einst Karl Valentin. Das ist genau der Unterschied zwischen Problem und Rahmenbedingung. Sie können nichts daran ändern, dass es regnet. Ob Sie sich freuen oder nicht, ob Sie sich ärgern oder nicht, hat keine Auswirkung auf das Wetter. Es hat nur Auswirkung auf Sie. Und im Fall, dass Sie sich ärgern, bedeutet das, dass Sie fruchtlos Energie investieren.

„ICH FREUE MICH, WENN ES REGNET, DENN WENN ICH MICH NICHT FREUE, REGNET ES AUCH."

Karl Valentin war da schon auf der richtigen Spur: Wenn Sie sich über den Regen freuen, dann finden Sie auch eine positive Lösung. Sie holen sich Schirm und Regenmantel und genießen Ihren Spaziergang draußen erst recht. Noch deutlicher hat es einer ausgedrückt, der nicht als der große Philosoph bekannt ist, sondern als herausragender Sportler. Boris Becker sagte 1989 bei seinem ersten Sieg in Flushing Meadows: „Du musst dieses

Turnier lieben, wenn du hier gewinnen willst. Du musst es lieben trotz des Fluglärms über dir, du musst es lieben trotz der hysterischen Zuschauer, trotz des Betonkessels und trotz der Affenhitze. ... Wenn du es nicht lieben kannst, gehst du besser vom Platz."

Die viel beklagte Regulatorik zum Beispiel bietet auch Schutz und Chance. Ähnliches gilt für die Digitalisierung, die Niedrigzinspolitik, das veränderte Kundenverhalten und für so vieles mehr – innerhalb und außerhalb der Bankenwelt. Keine Rahmenbedingung ist ausschließlich schlecht. Doch wenn Sie zu Ihren Rahmenbedingungen keine positive Haltung entwickeln und sich ärgern, dann mindern Sie nicht nur Ihre Erfolgschancen, weil Sie keine Energie für die Lösungsfindung übrig haben. Sie geben auch und vor allem Ihre Macht ab.

WAS JEDER HAT UND DIE WENIGSTEN WISSEN

„MACHT" KOMMT VON „MACHEN".

„Macht" kommt von „machen". Deshalb ist es logisch, dass einer, der nicht macht, seine Macht abgibt: an das Schicksal, an höhere Mächte oder – was die Regel ist – an andere Menschen.

Denken Sie an das Bild vom Vakuum, das ich Ihnen im Kapitel „Wunderbare Zeiten" vorgestellt habe. Jede Veränderung schafft einen Freiraum, der mit nichts gefüllt ist – es herrscht ein Vakuum. Und dieses Vakuum erzeugt einen Sog. Es bleibt also nicht leer, sondern füllt sich in kürzester Zeit. Und wenn Sie es nicht sind, der die Macht der Gestaltung dieses Freiraums übernimmt, dann ist es ein anderer, der einfach macht.

Deshalb ist es so prekär, wenn Sie die Entscheidung für die Gestaltung vor sich herschieben: Auch das Nicht-Entscheiden ist eine Entscheidung. Es ist die Entscheidung, in der Zwischenzeit andere machen zu lassen. Seien Sie

deshalb achtsam. Wenn Sie sich nicht entscheiden können, fragen Sie sich, was Ihrer Entscheidung noch entgegensteht. Fehlen tatsächlich noch wichtige Informationen oder fehlt Ihnen nur der Mut?

Keine Entscheidung ist meist die schlechteste Variante, denn der, der nicht gestaltet, muss über sich ergehen lassen, was immer die anderen gestalten. Er macht sich selbst zum Opfer, weil er die Chance, ein Täter im positiven Sinne zu werden, nicht wahrgenommen hat. Und diese Opferrolle beklagt er anschließend, wenn ihm das Ergebnis nicht passt. Ein Teufelskreis, denn so bindet er seine Energie erneut an ein Problem. Auf diese Weise erfährt er nie, welche Macht er eigentlich besitzt. Bis hin zur Macht, ein eigenes Wunder zu machen.

Denn die Macht, die eigene Welt zu gestalten, hat jeder – und zwar jeden Morgen aufs Neue. Eigentlich sollten wir jeden Morgen, wenn wir aufwachen, von der Freude erfüllt sein, dass wir in der Lage dazu sind. Ich habe allerdings den Eindruck, dass die wenigsten den Tag so beginnen. Viel zu viele sehen sich als Opfer der Umstände und suchen die Verantwortung dafür bei anderen. Dabei liegt die Verantwortung für die eigene Unzufriedenheit bei niemandem anderen als bei ihm selbst …

JEDER HAT DIE MACHT, SEINE WELT ZU GESTALTEN.

KEINER AUSGENOMMEN

Meine These ist: Jeder ist für alles verantwortlich. Mit Ausnahme von Regulatorik und Wetter vielleicht. Doch Verantwortung wird bei uns gerne weggeschoben, weil sie einen negativen Beigeschmack hat. Verantwortung gilt als etwas, dass Sie nur dann übernehmen müssen, wenn etwas schiefgegangen ist und ein Schuldiger gesucht wird. Was für ein Unsinn! Denn erst wenn Sie die Verantwortung für sich annehmen, erkennen Sie, welche Macht Sie haben.

ERST WENN SIE DIE VERANTWORTUNG ANNEHMEN, ERKENNEN SIE, WELCHE MACHT SIE HABEN.

Sagt Ihnen der Name Matthias Berg etwas? Er ist ein sogenanntes Contergan-Kind, seine Arme sind von Geburt an so verkürzt, dass die Hände fast direkt an den Schultern sitzen. Statt mit seinem Schicksal zu hadern, ist er Leistungssportler, Jurist, Redner und begnadeter Hornist geworden. Er sagt heute: „Leben ist das, was jede und jeder von uns daraus macht!"

In einem Vortrag erzählt er davon, wie er an dem Punkt stand, entweder sein Leben so anzunehmen, wie es ist, oder darüber zu verzweifeln. Der Anlass war, dass er bis dahin immer, wenn Mitfahrer im Zug ihn anschauten, weggesehen hatte. Also kam er nie mit ihnen ins Gespräch und war einsam. Doch an diesem Tag schaute er zum ersten Mal nicht weg, sondern sprach sein Gegenüber sogar an. Daraus wurde ein intensives Gespräch. Er hatte erlebt, dass er die Macht hatte, in seinem Leben etwas zu ändern.

Solche Beispiele gibt es viele und ihre Auflistung würde den Rahmen sprengen, auch wenn ich immer wieder von solchen Geschichten begeistert bin. Hier nur noch eines, weil es sich noch dazu um jemand aus meiner Heimatregion handelt: Der Oberpfälzer Gerd Schönfelder hat im Alter von 19 Jahren bei einem Zugunfall einen Arm und einige Finger der anderen Hand verloren. Im Herbst 2018 ist er als erster Behindertensportler überhaupt in die „Hall of Fame des deutschen Sports" aufgenommen worden.

Menschen mit einer solchen Biografie zeigen, dass jeder zu 100 Prozent für die Gestaltung seines Lebens verantwortlich ist. Davon ist keiner ausgenommen, so ungünstig seine aktuelle Lage auch aussieht.

DAS IST KEINE DROHUNG!

Darüber hinaus steht aus meiner Sicht jeder in der Verantwortung nicht nur für sich, sondern für seinen gesamten Wirkungskreis. Wie weit dieser Kreis reicht, ist von den eigenen Fähigkeiten und Ressourcen abhängig. Aber die gilt es zu nutzen. Unser Grundgesetz sagt, dass Eigentum verpflichtet und mit Verantwortung für Wirtschaft und Gesellschaft verbunden ist. Dem kann ich nur zustimmen. Ich möchte sogar noch einen Schritt weitergehen. Ich denke, dass Fähigkeit im gleichen Maß wie Eigentum verpflichtet.

FÄHIGKEIT VERPFLICHTET IM GLEICHEN MASS WIE EIGENTUM.

Klingt das wie eine Drohung? Für die, die Verantwortung als Last empfinden, schon. Die haben noch nicht erkannt, was in dem Begriff Verantwortung steckt. Darin liegt die Antwort. Wer die Ver-antwort-ung ablehnt, gibt auch keine Antwort – er gestaltet keine Lösung. Im Umkehrschluss heißt das, nur wenn Sie Verantwortung übernehmen, finden Sie auch die Antwort. Und nur diese Antwort birgt das Potenzial für ein Wunder.

Verantwortung geht übrigens immer nur zu 100 Prozent. „So ein bisschen verantwortlich sein“ ist gleichbedeutend mit „nicht verantwortlich sein“ – dann sind Sie schnell bei Sätzen wie „jemand müsste sich mal kümmern“. Das ist die Garantie dafür, dass sich keiner kümmert.

Dazu gehört, dass Sie sich bewusst sind, dass Sie mit jeder Ihrer Entscheidungen in die Verantwortung treten. Das ist ein sehr ermutigender Gedanke, denn Sie gehen damit in die Gestaltung und nehmen Einfluss. Wenn ich „jede Entscheidung“ sage, dann meine ich auch wirklich jede, auch die alltäglichen und kleinen: ob Sie als Verbraucher lokale Produkte bevorzugen, als Spaziergänger Ihr Bonbonpapier wieder mit nach Hause nehmen, oder da sind, wenn jemand Ihre Hilfe braucht.

In Sachen Verantwortung traue ich übrigens Wundermachern einiges zu.

WAS WUNDERMACHER ALLES KÖNNEN ... UND WAS NICHT

Wer sich all der Zusammenhänge von Macht und Verantwortung bewusst ist, der wird auch im Rahmen seiner Möglichkeiten überall Verantwortung übernehmen. Selbst da, wo die meisten zurückschrecken, nämlich bei den Rahmenbedingungen, die nur scheinbar solche sind. Ein Wundermacher fühlt sich sogar für das Wetter verantwortlich. Vielleicht nicht unbedingt für das Regenwetter von heute, für das globale Klima aber schon. Ein schönes Beispiel ist die Regulatorik. Wenn alle, die die Gelegenheit haben, diese immer wieder an der richtigen Stelle zum Thema machen, bin ich guten Mutes, dass wir sogar hier eine Veränderung bewirken können ...

EIN WUNDERMACHER FÜHLT SICH SOGAR FÜR DAS WETTER VERANTWORTLICH.

Fest steht, dass nichts und schon gar kein Wunder passiert, solange keiner den Anfang macht. In diesem und dem vorangegangenen Kapitel habe ich Ihnen vermittelt, warum es immer ein Einzelner ist, der die Idee hat und es dann einfach macht – weil er es einfach macht.

Doch wenn er mit seiner Idee und seinem Handeln alleine bleibt, wird daraus in aller Regel kein Wunder. Dafür braucht es wesentlich mehr Hände und Köpfe. Wie diese zusammenkommen und warum ein gutes Team jedes Genie schlägt, dazu komme ich im nächsten Teil des Buches. Kommen Sie doch mit!

WENN EINER EIN TEAM BEGEISTERT …

Die Stimmung im Raum ist angespannt. Wir sitzen in einem Besprechungszimmer in der Dienststelle Regensburg des Bayerischen Landesamts für Denkmalpflege. Die Vertreter des Heimat- und Kulturvereins Waldeck auf der einen Seite, die Beamten des Hauses auf der anderen. Auf der Tagesordnung steht nur der Status quo in Sachen Burg, nicht mehr.

Eigentlich sollten die beiden Seiten ein Team bilden, denn alle haben dasselbe Ziel: die Burg als für die Gegend bedeutsames historisches Denkmal zu erhalten und zu schützen. Doch von Teamgeist ist an diesem Tisch wenig zu spüren und das hat seinen Grund: Die letzten zwanzig Jahre haben die Waldecker mit viel Engagement ihre Burg ausgegraben. Einige haben dabei in ihrer Begeisterung manchmal keine Grenzen gekannt. Sie meinten es gut, als

sie ohne zu fragen oder sich mit den Denkmalschützern abzustimmen einfach loslegten. Entsprechend schlecht sind diese auf manche Burgausgräber zu sprechen.

Dies ist die erste Sitzung, bei der ich dabei bin. Der Vereinsvorsitzende hat mich mit den Worten vorgestellt: „Das ist unser neuer 2. Vorsitzender, der kümmert sich ab jetzt um alles mit Behörden." Ich schlucke kurz, denn so war das nicht abgemacht gewesen, aber ok. Kaum ist die Sitzung eröffnet, fliegen die Vorwürfe. Jede Seite schildert ausführlich, was ihr nicht passt.

Ich sitze dazwischen und höre mir alles an. Schließlich ergreife ich das Wort und richte mich an den Referatsleiter: „Ich bin ja nun neu hier. Täusche ich mich oder wollen wir eigentlich dasselbe, nämlich dass die Waldecker Burg ein für alle sicht- und erlebbares Zeitzeugnis ist?"

Der schaut ein wenig überrascht und erwidert: „Wir vom Denkmalschutz möchten das auf jeden Fall. Das ist der Sinn und Zweck unserer Behörde."

Ich strahle ihn an und sage: „Sehr gut, wir Waldecker wollen das auch. Dann können wir auch gemeinsam für diesen Sinn und Zweck zusammenarbeiten. Wie müssten wir es denn aus Ihrer Sicht machen?"

Der Referatsleiter überlegt kurz und sagt: „Na ja, zum Beispiel müsstet ihr als Erstes die Burg vermessen lassen." Ich nicke: „Schön und gut. Aber wir haben kein Geld."

Da meldet sich schüchtern der zuständige Mitarbeiter vom Landratsamt: „Da könnten wir vielleicht helfen. Ich kenne einen aus dem Vermessungsamt. Ich weiß, dass die eh demnächst in der Waldecker Gegend zu tun haben. Die könnten das gleich mitmachen."

Und so regeln sich schon in dieser Sitzung einige Punkte. Die Mienen der Vereinsmitglieder am Tisch hellen sich auf angesichts der Kooperationsbereitschaft der Denkmalschützer.

Hochzufrieden gehen beide Seiten am Ende der Sitzung auseinander.

***

Einige Zeit später sitzen wir im Verein zusammen und besprechen, welche Baumaßnahmen wir als Nächstes angehen wollen. Ich tippe mit dem Zeigefinger auf die Liste, die vor uns auf dem Tisch liegt, und sage: „Bevor wir anfangen, sollten wir das mit den Denkmalschützern abstimmen." Einer am Tisch sagt: „Ah, geh. Das braucht es doch nicht." Ich richte mich auf und erwidere: „Doch, das braucht es. Wir wollen mit denen im Team arbeiten, da zählt Verlässlichkeit viel. Deshalb: Wenn ich etwas ausmache, dann halten wir uns daran. Ihr könnt gern mit mir schimpfen, wenn ich einen Sch... ausmache – aber ausgemacht ist ausgemacht. Nur dann sind wir als Team gemeinsam stark. Und diese Stärke werden wir noch brauchen ..."

Etwas verdattert sehen mich meine Vereinskameraden an. Der Vorsitzende sagt schließlich: „Also gut. Wir reden mit dem Amt. Zufrieden?"

„Natürlich", sage ich. „Ihr werdet sehen, dass wir uns mit dieser Art der Zusammenarbeit einen viel größeren Gefallen tun als anders ..."

***

Ein oder zwei Jahre später: Wieder einmal treffen sich wir Waldecker und die Denkmalschützer. Die Stimmung hat sich gegenüber dem ersten Treffen erheblich gewandelt. Man begegnet sich freundlich und wertschätzend, die Diskussionen verlaufen von der ersten Minute an konstruktiv, das Vertrauen ist auf beiden Seiten da.

Als alle Punkte besprochen sind, beschließen wir die Sitzung mit einer gemeinsamen Brotzeit. Meine Frau hat mir frisches Schnittlauchbrot mitgegeben, alle dürfen sich bedienen. „So was Gutes aber auch, Herr Zintl", sagt der Referatsleiter und beißt nochmal genüsslich in seine Scheibe. „Richten Sie Ihrer Frau herzlichen Dank aus."

„Mache ich gerne. Ja, die einfachen Sachen sind oft die besten", erwidere ich. Dann nutze ich den entspannten Moment, um auf mein Herzensthema zu sprechen zu kommen. Mit dem Vereinsvorstand habe ich das schon abgesprochen, aber jetzt wird es spannend ... Ich sage: „Ich hätte übrigens noch eine Frage ..." Er sieht mich auffordernd an. „Könnten wir nicht nochmal über die Kapelle nachdenken?"

„Na ja, nachdenken könnten wir schon", antwortet er langsam, aber nicht unfreundlich. „Wir müssten halt mal einen Architekten beauftragen, sich Gedanken zu machen."

„Prima, dass wir als Team da an einem Strang ziehen. Dann lassen Sie uns doch auf die Suche nach einem geeigneten Architekten gehen", erwidere ich erfreut.

„Einverstanden", antwortet er. „Aber ist nicht das viel größere Problem die Finanzierung? Sagen Sie, wie wollt ihr Waldecker das machen?"

„Ich habe da eine Idee ...", sage ich und grinse. Mehr verrate ich in diesem Moment noch nicht ...

MAC

HEN

5. WAS WERTVOLL IST

„Zukunft braucht Herkunft."

ODO MARQUARD

„Einfach großartig! Es grenzt an ein Wunder!", jubelte ein Sportreporter 2011. Seine Stimme überschlug sich fast, als er fortfuhr: „Mit nur 21 Jahren katapultiert sich David Storl in den Kugelstoßer-Himmel. Der erste deutsche Weltmeister in dieser Disziplin und der jüngste Welt- und Europameister aller Zeiten noch dazu."

Der junge Deutsche war mit seinem letzten Stoß wieder am führenden Kanadier Dylan Armstrong vorbeigezogen. Der konnte nicht mehr nachlegen und David Storl stand als Weltmeister fest. Keine Frage, das war eine herausragende Einzelleistung. Doch war es das wirklich?

Ich durfte David Storl im Rahmen der Arbeit an einem gemeinsamen Buchkapitel kennenlernen. Er lud mich zu sich nach Hause in Chemnitz ein. Wir sprachen über Herausforderungen, Leistung, Freude am Tun, Orientierung. Und vor allem sprachen wir darüber, wie wertvoll ein Team ist. Denn er erzählte mir, wie viele Menschen hinter solchen sportlichen Erfolgen stehen, die scheinbar nur ein Einzelner erbringt. Das ist von außen kaum ersichtlich, was für eine Teamleistung dahintersteckt, wenn einer gewinnt. Da bringen sich der Trainer und die Trainingspartner ein, und darüber hinaus sind da Physiotherapeuten, Mentalcoaches, Materialtüftler und

Sportwissenschaftler genauso beteiligt wie Menschen, die den Sportlern viele alltägliche Pflichten und die Organisation abnehmen.

Wie weit diese Teamarbeit geht, führte mir David Storl unbeabsichtigt selbst vor Augen. Als der Herausgeber des Buches noch zu uns stieß und eine zusätzliche Kaffeetasse benötigt wurde, wandte sich der Athlet an die anwesende Betreuerin und fragte: „Habe ich denn noch eine da?" Die nickte sofort. Sie wusste besser als er selbst, wie viele Kaffeetassen in seinem Küchenschrank zur Verfügung standen.

UNSICHTBARES RÄDERWERK

DIE MEISTEN WUNDER ENTSTEHEN NUR DORT, WO MEHRERE MENSCHEN ZUSAMMENKOMMEN.

Es mag künstlerische Einzelleistungen geben, für die kein Team notwendig ist. An denen einzig und allein der Künstler selbst mitwirkt. Doch die meisten Wunder schafft einer alleine nicht. Die entstehen nur dort, wo mehrere Menschen zusammenkommen und miteinander auf ein Ziel hinarbeiten. Selbst wenn es nur einer ist, der im Rampenlicht steht. Das ist wie bei einer mechanischen Uhr. Ihr Blick fällt nur auf das Ziffernblatt. Die vielen Zahnrädchen, die dafür sorgen, dass die Zeiger dort die richtige Zeit anzeigen, entziehen sich Ihrem Auge.

Sehen Sie sich zum Beispiel zwei gesellschaftlich wertvolle Initiativen der jüngeren Zeit an. Das ist die Schülerinitiative Plant-for-the-Planet. Sie wurde 2007 vom damals neunjährigen Felix Finkbeiner gegründet. Seine Idee: Kinder könnten in jedem Land der Erde eine Million Bäume pflanzen und so auf eigene Faust für einen CO_2-Ausgleich sorgen, während die Erwachsenen nur darüber reden. Heute sind über 100.000 Kinder weltweit für Plant-for-the-Planet aktiv. Felix Finkbeiner ist weiterhin die Galionsfigur. Doch nur weil Felix schnell ein schlagkräftiges Team um sich geschart hat, sieht die Bilanz seiner Idee heute so gut aus.

Oder das Projekt Ocean Cleanup, das von dem niederländischen Studenten Boyan Slat 2013 ins Leben gerufen wurde. Er will den Müll aus unseren Weltmeeren entfernen und steht damit immer noch im Rampenlicht. Im Hintergrund arbeiten jedoch inzwischen mehr als achtzig Ingenieure, Forscher, Wissenschaftler und Computerexperten im Rahmen des Projekts an der technischen Realisierung. Selbst wenn es dabei auch Rückschläge gibt. Ein wirkungsvolles Team kümmert sich um diese wichtige Sache. Ganz nach dem Motto des ehemaligen brasilianischen Erzbischofs Dom Hélder Câmara: „Wenn einer allein träumt, bleibt es ein Traum. Träumen wir aber alle gemeinsam, wird es Wirklichkeit."

„WENN EINER ALLEINE TRÄUMT, BLEIBT ES EIN TRAUM."

Das heißt, um Wunder zu machen, braucht es mehr als den einen Wundermacher am Anfang. Es braucht ein ganzes Wunderteam. Und das gilt ganz besonders für Wirtschaftswunder. Denn bei Wirtschaftswundern geht es nie um eine einmalige Spitzenperformance. Es geht immer um eine skalierbare Leistung, die über einen langen Zeitraum hin trägt.

Bevor manch ein Leser jetzt aber anfängt zu unken, dass es wohl auch an ein Wunder grenzt, dass so ein Wunderteam entsteht, will ich eines vorausschicken: Nein, dafür ist kein Wunder nötig. Es geht nach meinem Lieblingsmotto: Sie machen es einfach. Oder besser gesagt: Machen Sie es einfach.

DIE ZÜNDRAKETE

Ein Wunderteam einfach machen? Das klingt vermessen, aber ja: Ich glaube, dass das geht. Nicht weil ich Ihnen eine allgemeingültige Bauanleitung für Wunderteams liefern kann. Jedes dieser Teams ist eine Einzelanfertigung.

JEDES WUNDERTEAM IST EINE EINZELANFERTIGUNG.

Aber es gibt zwei Grundvoraussetzungen, die für alle Wunderteams gleichermaßen erfüllt sein müssen. Nur wenn sie gegeben sind, finden solche Teams zusammen und schaffen es, Berge zu

versetzen. Beide Voraussetzungen sind gleich wichtig und werden dauerhaft gebraucht. Doch die eine ist gleichsam die Zündrakete, ohne die rein gar nichts in Gang kommt. Es ist die Bereitschaft zur Kommunikation.

Wer nie über sein Vorhaben spricht, wird keine Mitstreiter finden. Es reicht nicht, wenn Sie nur viele Menschen kennen. Sie müssen sich schon auch ihnen mitteilen. Gedanken sind nun mal unsichtbar. Lassen Sie andere teilhaben, teilen Sie Ihre Ideen.

Ich kenne potenzielle Wundermacher, die leider an dieser Hürde scheitern. Denn sie wittern Gefahr, wenn sie über ihre Idee reden. Die anderen könnten ja Kritik äußern. Ob das eine Gefahr oder eine Chance ist, ist jedoch eine Frage der Sichtweise. Sie können kritische Anmerkungen auch willkommen heißen, denn nur dann erfahren Sie, wo Sie bei Ihrer Überzeugungskraft noch nachlegen, wo Sie auf Widerstand treffen und wo Sie vielleicht Ihre Idee noch optimieren können. So schwer es für das Ego sein kann, zu akzeptieren, dass nicht jeder sofort zu 100 Prozent begeistert ist, so hilfreich ist es für Ihr Projekt.

Wenn Sie also auch ein potenzieller Wundermacher sind: raus mit der Sprache! Sie haben nämlich sofort und direkt noch zwei weitere Vorteile, wenn Sie über Ihr Vorhaben sprechen – und zwar ganz unabhängig davon, ob Ihr Gegenüber skeptisch oder begeistert ist.

Erstens: Wenn Sie Ihr Vorhaben so formulieren müssen, dass andere verstehen können, was Sie bewegt, zwingen Sie sich selbst zur Klarheit. Nur dann können Sie mit anderen darüber sprechen. Solange Sie nur mit sich selbst im Gespräch bleiben, können Sie sich um die ein oder andere Verdeutlichung noch herum drücken. Wenn Sie dagegen jemand anderen überzeugen möchten, scheitern Sie mit dieser „Mogelei". Sie müssen klipp und klar benennen können, was Sie wollen. Sie disziplinieren sich also selbst, wenn Sie mit anderen reden.

SIE ZWINGEN SICH SELBST ZUR KLARHEIT.

Schreiben Sie Ihre Worte nur nieder, statt sie im Gespräch zu äußern, haben Sie nur den halben Effekt. Zwar zwingt Sie die Verschriftlichung genauso

zur Klarheit. Die Reaktion, die Anregungen und vielleicht auch die Einwände Ihres Gegenübers erhalten Sie wesentlich ungefilterter im Gespräch.

Der zweite Vorteil ist, dass Sie sich selbst mehr Ihrem Vorhaben verpflichten. Sie machen Ihre Idee für andere sichtbar und bekennen sich vor ihnen dazu. Entsprechend werden Sie sich daran messen lassen müssen, ob bei Ihnen Wort und Tat übereinstimmen. Das fügt Ihrer internen einen guten Schuss externe Motivation hinzu.

GEBEN SIE IHNEN EINE CHANCE

Das Wichtigste, was Sie erreichen, ist jedoch, dass Sie Menschen für Ihre Sache begeistern und als Unterstützer gewinnen. Indem Sie sprechen, geben Sie ihnen überhaupt erst die Chance sich zu beteiligen, sich damit zu identifizieren und vielleicht sogar zur Weiterentwicklung und Verbesserung beizutragen.

Ich bin sicher, dass Sie stets Menschen finden, die bereit sind, eine gute Idee tatkräftig zu unterstützen – vorausgesetzt, Sie lassen sie sie wissen.

Ich sitze Bruder Michael gegenüber. Er ist der Verantwortliche für die Glockengießerei des Klosters Maria Laach.

Durch Zufall war ich für ein Seminar im Hotel der Abtei untergebracht und hatte auf dem Zimmer einen Prospekt vorgefunden. So habe ich überhaupt erst erfahren, dass hier Glocken hergestellt werden. Und das, wo wir für die Burgkapelle schon längere Zeit auf der Suche nach einer Glocke waren. Sofort fragte ich nach einem Termin.

Der Mönch erklärt mir, wie so eine Glocke entsteht, und sagt in einem Nachsatz: „Und manchmal haben wir die Glocke auch schon da gegossen, wo sie dann hinkommt."

„Das geht?", frage ich erstaunt. Er lacht und nickt: „Ja, das geht."

„Bruder Michael, ich bin begeistert", sage ich. „Ich muss nur noch meine Vereinskameraden überzeugen."

Kaum bin ich wieder zu Hause, greife ich zum Telefonhörer: „Georg, ich habe eine Glocke für uns gefunden – und eine Idee noch dazu. Die möchte ich euch gleich bei der nächsten Sitzung vorstellen."

Er ist neugierig, aber ich verrate noch nichts.

Erst bei dem Treffen wenige Tage später schildere ich vor versammelter Mannschaft, wie die Brüder von Maria Laach die Glocke für die revitalisierte Burgkapelle von Waldeck direkt vor Ort gießen könnten.

„Bruder Michael hat mir alles erklärt. Sie bereiten die negative Form der Glocke aus natürlichen Materialien wie Lehm und Pferdemist in der Glockengießerei vor und bringen sie mit. Den Heizer für die Metallerhitzung stellen sie ebenfalls. Wir müssen nur eine Grube vorbereiten, die groß genug ist, damit diese Form hineinpasst." Ich zeige mit den Händen die ungefähre Größe von einem mal einem Meter auf.

Die Vereinsmitglieder hören mir aufmerksam zu, als ich fortfahre: „Ist die Form im Boden, wird das Loch aufgefüllt. Wenn das erhitzte Messing hineinfließt, drückt es mit 16-facher Kraft nach außen. Deshalb muss die Grube verdichtet werden, damit das Ding nicht aus dem Boden schießt." Alle Augen folgen meinen Händen, wie sie die Explosion nachahmen.

Ich führe meine Hände wieder nah zueinander und erzähle weiter: „Dann graben wir einen Kanal zu der Form. Das Metall wird erhitzt und freigegeben, damit es in die Form schießt. Danach lassen wir es einen halben Tag abkühlen, bevor wir das Ganze ausgraben und die äußere Form zerschlagen."

Ich schaue strahlend in die Runde: „Und dann steht sie vor uns, unsere neue Glocke: vor Ort geboren, eine waschechte Waldeckerin. Was haltet ihr von der Idee?"

Der Beifall und die leuchtenden Augen geben die Antwort.

Georg, der Vereinsvorsitzende, spricht aus, was alle denken: „Toll! Das machen wir. Wie wäre es, wenn wir vom Vorstand aus die Sache in die Wege leiten? Alle einverstanden?"

Und wie sie einverstanden sind. Alle sind sich einig: Das machen wir unbedingt!

Eine Idee, ein Projekt, ein Vorhaben, das begeistert, wird zu einem Ziel. Dieses Ziel ist der Motor, der das Handeln anschiebt. Es gibt den Beteiligten die Energie, auch schwierigere Phasen zu überstehen. Ein Ziel vor Augen zu haben, erzeugt den Sinn der Arbeit. Und sinnvolle Arbeit fällt uns immer viel leichter als eine, die wir als sinnlos empfinden. Mit Sinn macht sogar harte Arbeit Spaß. Das gilt für jeden Einzelnen im Team. Gleichzeitig ist ein Ziel immer auch ein Orientierungspunkt – das funktioniert für den Einzelnen und ist wichtig, damit er auf Kurs bleibt.

MIT SINN MACHT SOGAR HARTE ARBEIT SPASS.

VOM TEAM ZUR GRUPPE

Noch viel wichtiger als für den Einzelnen ist diese gemeinsame Orientierung für ein Team, denn dort sollte jeder mit voller Konzentration an seiner Aufgabe arbeiten können. Gleichzeitig sollten alle dauerhaft in eine einzige Richtung ziehen. Ist keine einheitliche Ausrichtung da, verliert sich der gemeinsame Fokus im Alltag sehr schnell. Aus einem Team, das keine Orientierung mehr hat, wird schnell eine Gruppe von Menschen, die „nur" noch nebeneinander abarbeiten. Die können höchstens gute, aber keine sehr guten Ergebnisse erzielen und Wunder schon gleich gar nicht.

Dabei ist die Orientierung kein Selbstläufer im Sinne von „einmal gefunden, für immer behalten".

DIE KOMMUNIKATION DER IDEE IST EINE DAUERAUFGABE FÜR ALLE IM TEAM.

Wenn Sie mit Ihrer Idee Menschen für eine Unterstützung gewonnen haben, sollten Sie mit allen immer wieder über diese Idee sprechen. Erhalten Sie das gemeinsame Ziel in den Köpfen und am Leben. Die Kommunikation der Idee ist eine Daueraufgabe für alle im Team – und in Wunderteams gelingt das auch. Sie sichert das kontinuierliche Verständnis ab und gibt die Antwort auf die Frage: Was treibt die Menschen im Team an? Sie ist gleichbedeutend mit der Frage nach dem Warum.

Doch es gibt eine zweite Frage, die darüber entscheidet, ob aus einem Haufen von Individuen ein Team oder gar ein Wunderteam wird. Nur weil alle in die gleiche Richtung streben, ergibt sich noch kein Miteinander.

WERTE BESTIMMEN DEN ALLTAG

Stellen Sie sich lauter energiegeladene Teilchen vor, die zwar die gleiche Richtung einschlagen, aber weit voneinander entfernt einfach parallel dahinfliegen. In dieser Unverbundenheit bleibt jeder mit seiner Energie alleine und bewegt jeweils nur so viel, wie ein Einzelteilchen eben bewegen kann.

Das Besondere an Teams ist, dass sich im Zusammenspiel mehr bewirken lässt als durch die Kraft des Einzelnen. Deshalb ist aus meiner Sicht neben der Frage nach dem Warum die Frage: Wie arbeiten die Menschen im Team zusammen? Um die Antwort zu finden, möchte ich mit Ihnen erst einmal schauen, was Zusammenarbeit ausmacht. Dieses Wie wird davon bestimmt, wie die Teammitglieder miteinander umgehen. Also wie ein Mitglied sich den anderen gegenüber verhält.

Dieses Verhalten ist nicht rein zufällig oder von der Situation bestimmt, es wird nicht automatisch von Geldanreizen oder Sympathie vorgegeben, es richtet sich nicht nach Verordnungen oder Strafandrohungen. Stattdessen richtet sich das Verhalten des Einzelnen danach, was er für wichtig und richtig hält. Was den Menschen in seinem Verhalten leitet, sind seine Werte.

Klingt das für Sie angestaubt oder überholt angesichts der modernen Welt, die scheinbar alles Traditionelle infrage stellt? In einer Zeit, in der Globalisierung und Digitalisierung die Menschen zu verändern scheinen? In der die zunehmende Individualisierung jeden auf sich selbst zurückwirft und die Gesellschaft weniger eine Einheit bildet denn je?

WAS EINEN MENSCHEN IN SEINEM VERHALTEN LEITET, SIND SEINE WERTE.

Ich halte es in diesem Punkt mit dem deutschen Philosophen Odo Marquard. Er hat vor wenigen Jahren gesagt: „Wir werden künftig mitnichten dauernd vorm Bildschirm sitzen, sondern – je mehr datenspendende Schirme flimmern – wir werden fern vom Bildschirm im kleinen oder großen Gesprächskreise mündlich jenes Wenige besprechend ermitteln, was von dieser flimmernden Datenflut wichtig und richtig ist.“ Das, was Menschen für richtig und wichtig halten, ist die Übereinkunft über Werte. Und deshalb, so schließt Odo Marquard, gilt heute mehr denn je: „Zukunft braucht Herkunft“.

WERTVOLLES HANDELN

Der Begriff „Herkunft“ deutet darauf hin, wo wir unsere Werte herbekommen. Einen ganz großen Anteil daran hat unser Elternhaus. Hier wachsen wir in einen bestimmten Umgang miteinander und mit der Welt hinein, der uns stark prägt. Später treten zu den engeren Familienmitgliedern weitere Menschen hinzu: der Freundeskreis und die Nachbarschaft der Eltern, Erzieherinnen und Erzieher, eigene Freunde, Lehrerinnen und Lehrer, Menschen, von denen wir Besonderes lesen oder hören, Menschen, die uns spirituell berühren. Jeder kann Vorbild sein und uns in unseren Werten beeinflussen, ob er nun Nelson Mandela, Papst Franziskus oder Tante Frieda heißt.

Wir bilden unser Wertesystem zum großen Teil in der Kindheit und Jugend heran. Danach bleibt dieses System erstaunlich stabil. Kaum einer verändert im Erwachsenenalter noch seine Werte grundlegend.

Und so sind unsere Werte so etwas wie das geistige Erbe, das von Generation zu Generation weitergegeben wird, in der Zeit weiterwächst, sich anpasst und doch verbunden bleibt. Werte sind unsere Wurzeln, die uns Halt und Kraft geben. Wenn Sie sich an das vorangegangene Kapitel erinnern, in dem ich von der Energie des Wundermachers gesprochen habe: Da kommt sie her.

AUS WERTEN LEITEN WIR JEDE STRATEGIE UNSERES HANDELNS AB.

Die Werte geben uns aber nicht nur Kraft, sondern sie bestimmen eben auch, wie wir handeln und mit anderen Menschen umgehen. Wir leiten daraus jede Strategie unseres Handelns ab.

Das klingt sehr abstrakt, oder? Dabei hat es ganz konkrete Auswirkungen. Damit ich Ihnen verständlich machen kann, welche, muss ich leider erst noch kurz abstrakt bleiben und erklären, welche Werte ich überhaupt meine ...

DU HAST RECHT

Wenn ich Ihnen jetzt einige wenige Beispiele für Werte nenne, dann wissen Sie, warum ich damit noch „abstrakt" bleibe: Verantwortungsgefühl, Zuverlässigkeit, Respekt, Gerechtigkeit, Ehrlichkeit. Diese Begriffe sind alle positiv besetzt. Aber welche konkrete Vorstellung haben Sie davon? Ich denke, Sie könnten mir sehr genau beschreiben, was Sie persönlich unter vielen dieser Wertbegriffe verstehen und was Sie daraus konkret für Ihre Handlungen ableiten.

Wenn ich mit der gleichen Liste in der Hand bei Ihrem Nachbarn klingeln würde und auch ihn nach seiner Vorstellung von den Begriffen fragen würde: Gut möglich, dass seine Beschreibung der Ihren sehr ähnlich wäre. Exakt gleich wäre sie wohl kaum.

Und wenn ich mit meiner Liste in eine weiter entfernte Stadt, ans andere Ende der Republik, ins benachbarte Ausland oder ans andere Ende der Welt fahren würde: Wahrscheinlich würde ich auch dort gute Antworten bekommen. Doch sie würden alle sehr, sehr unterschiedlich ausfallen. Wer hat recht? Ich halte es bei dieser Frage wie der jüdische Geistliche in der folgenden Geschichte:

Ein Rabbi wird von zwei Nachbarn gebeten, ihren Streit zu schlichten.

„Jo, mach' ich", sagt er zu den beiden. „Aber erzählt mir erst einmal, was passiert ist."

Er weist auf den einen: „Fang du an."

Der schildert ausführlich und überzeugend die Sachlage.

Der Rabbi nickt langsam und sagt: „Du hast recht."

Der zweite Nachbar geht erbost dazwischen: „Wie kannst du das glauben? Die Sache war doch ganz anders."

Der Rabbi wendet sich ihm zu und spricht: „Dann erzähle mir du jetzt, wie es war."

Dieser Nachbar schildert die Situation völlig anders.

Und als er geendet hat, nickt der Rabbi wieder und sagt: „Ja, du hast recht."

Den beiden Streithähnen bleibt der Mund offenstehen. Sie schauen sich fragend an.

Von hinten aus der Stube ertönt die Stimme der Frau des Rabbiners: „Itzak, das kannst du doch nicht machen! Der eine erzählt die Sache so, der andere ganz anders. Und zu beiden sagst du, er hat recht."

Der Rabbi dreht sich zu ihr um, nickt und sagt lächelnd: „Du hast recht."

Jeder hat aus seiner Sicht recht, auch wenn die Aussagen ganz unterschiedlich sind. Und so ist es auch mit dem konkreten Verständnis von Werten.

Der Psychologieprofessor Gerd Gigerenzer erzählt dazu eine schöne Begebenheit: Ein US-amerikanischer Freund war entsetzt, als er hörte, dass die Europäer ihre Weihnachtsbäume mit Wachskerzen schmücken und dann auch noch anzünden. Das sei mit der Verantwortung für die Familie in keiner Weise zu vereinbaren. Anschließend unterhielten sich die beiden noch über die Geschenke, die sie ihren Kindern machen wollten. Der Amerikaner berichtete stolz, dass er für seinen 16-jährigen Sohn etwas ganz besonderes unter den Baum legen werde: eine Winchester.

Welche Handlungen, welches Verhalten Menschen aus ein und demselben Wert ableiten, ist also ausgesprochen kontextabhängig. Wenn Sie und Ihr Gegenüber sich ganz unterschiedlich verhalten, weil Sie zwar die gleichen Werte für wichtig halten, aber ganz verschiedene Schlüsse daraus ziehen, führt das zwangsläufig zu Missverständnissen. Sie enttäuschen sich gegenseitig in Ihren Erwartungen und das ganz ohne böse Absicht. Sie werden sich übereinander ärgern und dem anderen vielleicht auch Betrug unterstellen. Es läuft zwischen Ihnen alles andere als reibungslos.

WELCHES VERHALTEN MENSCHEN AUS EIN UND DEMSELBEN WERT ABLEITEN, IST KONTEXTABHÄNGIG.

PHYSIKALISCHE VERLUSTE

Jede Reibung – das wissen Sie und ich noch aus dem Physikunterricht – bremst. Viel von der Energie, die eigentlich für das Vorankommen gedacht ist, verwandelt sich in Wut, Ärger oder Trauer. Selbst wenn Sie es trotz dieses Verlustes noch schaffen, an Ihr Ziel zu kommen, werden Sie dort mit erheblicher Verspätung eintreffen. Und mit strapazierten Nerven noch dazu. So können Sie sich vorstellen, warum ich zu dem Schluss komme: Die Zusammenarbeit funktioniert dann geschmeidig und verlustfrei, wenn jeder im Team ein sehr ähnliches Verständnis von Werten hat. Das gilt zumindest für die, die im Rahmen der Zusammenarbeit wichtig sind – und damit eigentlich für alle, die das Miteinander von Menschen tangieren.

Vielleicht bin ich deshalb so gerne Sprecher der HeimatUnternehmer in unserer Region. Diese Initiative der bayerischen Staatsregierung unterstützt Menschen auf dem Land, die ihr Projekt und gleichzeitig ihre Heimat voranbringen wollen. Solche lokal stark verwurzelten Vorhaben haben viel Potenzial, eines der 100.000 Wirtschaftswunder zu werden, so wie sie mir vorschweben. Denn ihre Teams haben die besten Voraussetzungen dafür. Hier finden Menschen mit gleichem Werteverständnis zusammen und machen einfach. Sie können eine Wunderteam-Kultur entwickeln.

WERTE UND LEISTUNG

Überall, wo Menschen zusammen etwas unternehmen, bildet sich eine bestimmte Kultur des Miteinanders heraus. Das können Sie gar nicht verhindern. Die Regeln oder Normen, wie die Beteiligten miteinander umgehen, entwickeln sich ganz automatisch. Sie sind in jeder Gruppe, jedem Verbund, jeder Organisation anders. Eine Kultur ist stets spezifisch für das Team, das sie hervorbringt.

Nur in den seltensten Fällen sprechen die Menschen im Vorfeld darüber, wie diese Regeln am besten aussehen sollten. Der Prozess läuft meist unbewusst ab, die Regeln bleiben unreflektiert und unausgesprochen.

Dass so wenig über diese Regeln nachgedacht wird, wundert mich immer wieder, denn sie entscheiden darüber, welche Leistung ein Team bringen kann: eine mittelmäßige, eine gute oder eine außerordentliche, also die eines Wunderteams.

Es spricht also viel dafür, sich Gedanken über die Kultur eines Teams zu machen sowie aktiv und bewusst in eine positive Richtung zu arbeiten. Wohin die Reise gehen kann, zeigen die Wunderteams auf. Zwar entwickelt auch jedes Wunderteam für sich eine ganz eigene Kultur, die einzigartig ist und keinem anderen Team 1:1 übergestülpt werden kann. Und doch gibt es typische Merkmale, die alle Wunderteams gleichermaßen aufweisen. In dieser Schnittmenge finden sich zum Beispiel Vertrauen, Freiheit, Offenheit, Wertschätzung, Dankbarkeit, Demut und Verantwortung.

DIE REGELN DES MITEINANDER ENTSCHEIDEN DARÜBER, WELCHE LEISTUNG EIN TEAM BRINGEN KANN.

Auf alle diese Kennzeichen, welchen Effekt sie haben und warum sie zusammen ein Leistungsturbo sind, werde ich im nächsten Kapitel genauer eingehen. Eine Frage möchte ich aber vorher noch mit Ihnen klären: Wenn das mit diesen typischen Kennzeichen der Kultur und überhaupt mit diesen Wunderteams so einfach ist, wie ich behaupte, warum gibt es nur so wenige? Wenn da nichts weiter von Nöten ist als: erstens Ziel definieren, zweitens Werteverständnis abgleichen, drittens auf die richtigen Eckpfeiler der Kultur achten – und ab in Richtung Wunder.

Herr Zintl, sagen Sie, warum passiert das nicht jedes Jahr 1000- oder besser gleich 100.000-fach?

DIE ZWEI GESCHWINDIGKEITEN

Spontan würde ich antworten: „Das wüsste ich auch gerne. Deshalb habe ich dieses Buch geschrieben." Aber ich gebe zu: Ganz so einfach und nach Checkliste geht die Entwicklung eines Wunderteams auch wieder nicht. Das liegt daran, dass Sie niemandem verordnen können, eine Idee attraktiv zu finden oder sich von heute auf morgen in ein einheitliches Werteverständnis und eine Rolle einzusortieren.

Ja, es ist möglich, die verschiedensten Menschen unter einen Kulturhut zu scharen, wenn Sie etwas dafür tun. Selbst wenn ich weiter oben geschrieben habe, dass wir unserem einmal entwickelten Wertesystem weitgehend treu bleiben: Darin, wie wir diese Werte leben, sind wir ein Leben lang in einem gewissen Rahmen flexibel. Nur eben nicht auf die Schnelle.

Woran liegt das? Wenn wir etwas tun, was gegen unser aktuelles Werteverständnis verstößt, spüren wir einen inneren Widerstand. Selbst wenn der Kopf sagt, dass die Handlung richtig ist, fühlt es sich falsch an. Das ist umgekehrt übrigens genauso. Wenn Ihr Bauch ja sagt, Ihr Kopf aber nein, dann stehen Sie mit sich im Konflikt und können sich nicht mit voller Kraft einsetzen. Nur da, wo Kopf und Bauch, also Ratio und Emotion in Übereinstimmung sind, geht es Ihnen leicht von der Hand. Und – Sie erinnern sich – diese Leichtigkeit gehört unbedingt dazu, wenn Sie an einem Wunder mitwirken wollen.

NUR DA, WO KOPF UND BAUCH IN ÜBEREINSTIMMUNG SIND, GEHT ES IHNEN LEICHT VON DER HAND.

Im Falle von Veränderungen ist es meist der Kopf, der als erstes einsieht, dass eine Anpassung notwendig ist. Der Bauch ändert seine Einstellung nur langsam. Er sorgt sich, er verbreitet Unsicherheit und Zweifel, wenn ihm das, was kommt, unheimlich ist.

Ich habe mal gelesen: „Angst frisst Zukunft". Ich finde das einen sehr treffenden Spruch, denn solange Sie sich Sorgen machen, sind Sie emotional nicht bereit, sich auf die Zukunft mit all ihren Veränderungen freudig einzulassen und auch noch mitzugestalten. Sie machen die Sache bestenfalls mit. Sie sind klassischer Mit-Arbeiter statt Mit-Gestalter. Das bleiben Sie auch solange, bis Ihr Bauch die Veränderung akzeptieren kann. Dann ist der Weg erst frei, dass Sie die Chancen und die Freude an der Gestaltung der Veränderung sehen können.

Ich habe drei Jahre lang im Nebenjob ein Hotel geführt. Das geschah aus einer Notsituation heraus, weil der Pächter abgesprungen war. Glücklicherweise war eine erfahrene Mitarbeiterin bereit zu bleiben.

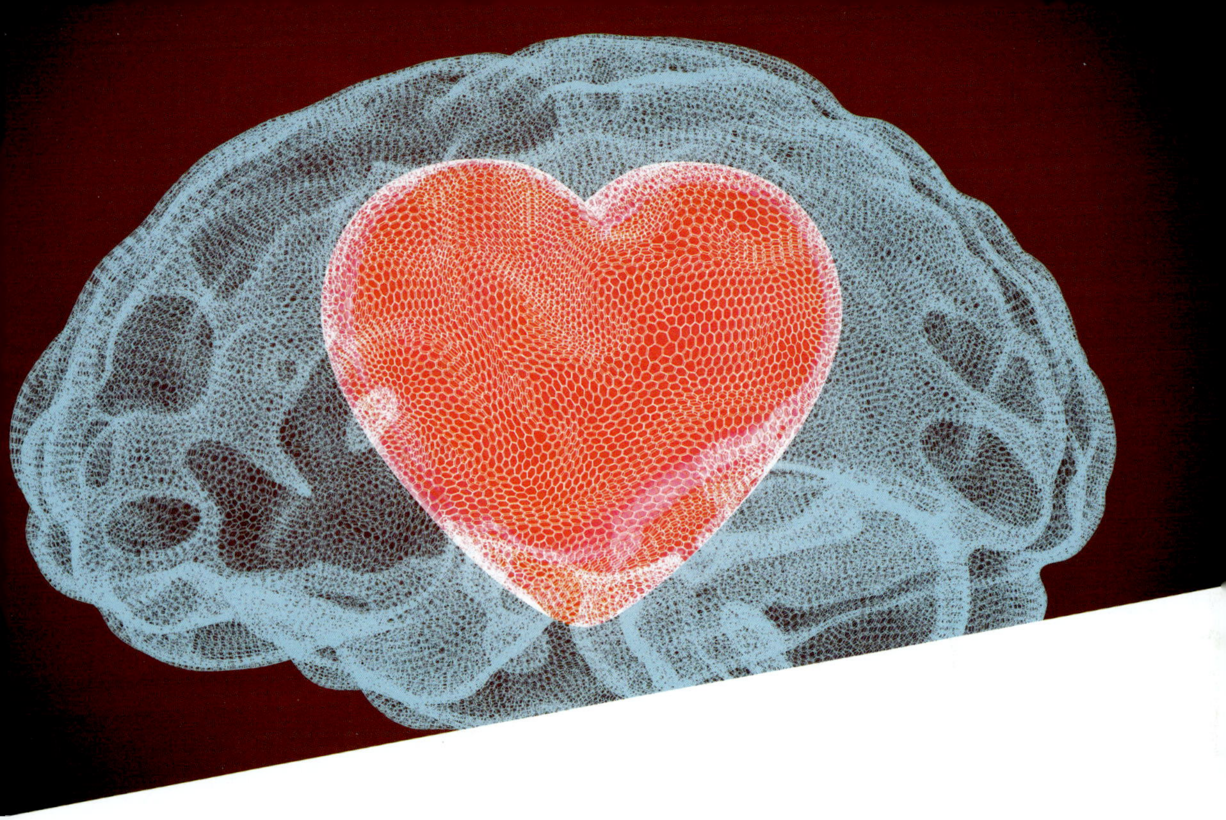

Anfangs stand sie wegen Putzmittel-Rechnungen über 2 D-Mark – Sie sehen, es ist schon eine Weile her – bei mir auf der Matte, weil sie es so gewohnt war. Fast erschrocken sah sie mich an, als ich ihr sagte: „Alles, was wir für das Haus brauchen und den Betrag von 50 D-Mark nicht überschreitet, kaufen Sie ab heute einfach ohne Rücksprache mit mir.“ Sie überlegte kurz und nickte dann nur.

Ab da erhöhte ich sukzessive ihren Freiraum immer weiter.

Als das erste Jahr vorüber war, fragte ich sie: „Und? Wie ist es denn?“

Sie lachte und antwortete: „Ich habe noch nie so viel gearbeitet wie in diesem Jahr. Aber es hat mir auch noch nie so viel Spaß gemacht.“

Eine emotionale Annäherung braucht Geduld und Zeit, viele Gespräche und eine Umstellung Schritt für Schritt. Hätte ich der Hotelangestellten am ersten Tag gesagt: „Sie sind ab heute verantwortlich und ich komme in einem Jahr dann mal wieder“, hätte sie sich umgedreht und wäre gegangen. Ich hätte sie überfordert. Doch über ein Jahr hinweg konnte sie auch

emotional hineinwachsen. Deshalb gehören aus meiner Sicht in zentrale Teamgespräche neben dem: ‚Was tun wir in der Sache?' immer auch solche Fragen: ‚Wo steht jeder von uns?' und ‚Wie gehen wir miteinander um?'

Teams, die nur über Sachfragen sprechen, überlassen ihre Kultur dem Zufall. Und noch mehr: Sie nehmen stillschweigend in Kauf, dass das ein oder andere Teammitglied auf der Strecke bleibt, weil er oder sie im Wandel nicht mitgenommen wird. Seine Energie ist für das Team verloren.

DER PORSCHE UND DIE NÄHMASCHINE

DANN VERWENDEN ALLE SEITEN MEHR ENERGIE AUF DEN WIDERSTAND ALS AUF DIE VERÄNDERUNG.

Mit Druck erreichen Sie in Sachen persönlicher Kulturveränderung nur das Gegenteil. Sie erzeugen Gegendruck. Dann verwenden alle Seiten mehr Energie auf den Widerstand als auf die Veränderung. Das haben sehr viele deutsche Unternehmen und gerade die großen in den letzten zehn oder zwanzig Jahren leidvoll erfahren: All die sorgfältig formulierten Unternehmensleitlinien zeigten keine Wirkung, der Begriff ‚Change' ist unter Mitarbeitern zum Unwort mutiert. Ich kann nicht beziffern, wie viel Geld und Zeit in solche Programme investiert wurde, aber es war viel. Doch leider vergeblich.

Stellen Sie sich vor, vor Ihnen steht ein Nähmaschinengetriebe. Es ist viele Jahre brav als solches gelaufen. Und jetzt kommen Sie mit einer überaus kraftvollen Strategie und wollen einen Porsche-Motor an dieses Getriebe hängen. Die PS werden Ihnen nur leider nichts nützen. Wenn das Team bisher mit weniger Schwung unterwegs war, ist es schon möglich, dass die Mitarbeiter grundsätzlich schneller könnten. In diesem Moment aber können sie es nicht. Sie werden Zwischenschritte brauchen, um auf Porsche-Tempo zu kommen. Vielleicht können nicht alle so hochdrehen, viele aber schon. Darunter auch welche, denen Sie das auf den ersten Blick nicht zutrauen.

Welche Mitarbeiter das Potenzial haben und welche Maßnahmen sie für die Entfaltung brauchen, werden Sie erst erfahren, wenn Sie einen genaueren Blick auf das Getriebe werfen.

SIE WERDEN ZWISCHENSCHRITTE BRAUCHEN, UM AUF PORSCHE-TEMPO ZU KOMMEN.

So hatten wir bei uns in der Bank entschieden, dass wir unsere Mitarbeiterzeitschrift nicht mehr in gedruckter, sondern nur noch in elektronischer Form verteilen wollen. Da wir alle mit Tablets ausgestattet sind, war gewährleistet, dass jeder die Mitteilungen in der neuen Form auch lesen konnte. Doch ein Mitarbeiter wehrte sich mit Händen und Füßen gegen die Umstellung. Er verwandte viel Zeit und Energie darauf, immer neue sachliche Argumente zu finden, warum wir unbedingt an der Printausgabe festhalten sollten - zumindest zusätzlich zu der Digitalausgabe. Er sperrte sich komplett. Wir führten etliche Gespräche, aber vergebens.

Wir sahen ein: Er war noch nicht so weit, sich auf diesen kulturellen Wandel einzulassen. Wir gaben ihm also die Zeit, die er brauchte. Er hatte unseren Segen, weiterhin eine kleine Auflage auszudrucken und zu verteilen. Er war sehr erleichtert, als ich ihm das mitteilte. Ich konnte richtig sehen, wie groß der Druck war, der von ihm abfiel. Als wäre eine innere Bremse gelöst, sprang er auf und eilte strahlend davon.

Nur wenige Monate später hat er freiwillig auf seine „Sonderausgabe" verzichtet. Dann war er emotional in der Lage loszulassen. Hätten wir in dem Moment darauf bestanden, dass es keine Ausnahme gibt, wären wir und er in der Konfrontation wohl stecken geblieben.

TIERISCHES TEMPO

Kultur und ihre Veränderung sind keine Sachen von Wochen oder Monaten.

Nach Ende einer meiner Veranstaltungen zum Thema Kostenmanagement im Wandel kommt ein Kollege, ein jüngerer Vorstand, auf mich zu.

Er sagt halb aufgebracht, halb frustriert: „Herr Zintl, alles, was Sie beschrieben haben, mache ich. Doch es verändert sich einfach nichts."

Ich frage ihn: „Wie lange machen Sie das denn schon so?"

Er hebt ungeduldig die Hände und antwortet: „Ich bin schon im zweiten Jahr da!"

Ich kann mir ein Lächeln nicht verkneifen, als ich ihm sage: „In ein oder zwei Jahren kann ein Wandel schon gehen. Aber in ein oder zwei Hundejahren. Sie wissen ja, dass ein Menschenjahr sieben Hundejahren entspricht. Sie stehen also noch ganz am Anfang. Bis die Wirkung einsetzt, dauert das seine Zeit."

Verdattert sieht er mich an, als ich ihm auseinandersetze: „Im ersten Jahr kommen Sie erst einmal in Ihrem Team an. Dann müssen Sie Ihre Philosophie erklären, die anderen müssen diese verstehen. Wenn sie sie verstanden haben, müssen sie sie umsetzen und zwar nachhaltig. Da kann ich Ihnen nur empfehlen: Bleiben Sie dran, geben Sie keine Ruhe, aber haben Sie Geduld. Das Gras wächst nicht schneller, nur weil Sie daran ziehen."

Je größer die nötige Veränderung ist, desto mehr Zeit ist nötig – und vielleicht wird aus dem Hundejahr sogar ein Schildkrötenjahr, also noch siebenmal mehr. Umso wichtiger ist es, so früh wie möglich mit der Arbeit an der Umstellung im Team zu beginnen. Das gilt für „normale" Teams wie für Wunderteams: Auch die können und müssen sich erst finden. Ihre Kultur fällt nicht vom Himmel, sondern ist das Ergebnis von kontinuierlicher Arbeit.

AUCH DIE KULTUR VON WUNDERTEAMS IST DAS ERGEBNIS VON KONTINUIERLICHER ARBEIT.

Die Voraussetzung für diese Arbeit kennen Sie schon. Es ist die Zündrakete und Allzweckwaffe für Wunderteams überhaupt: die Kommunikation.

Ich will Ihnen ein eigenes Beispiel erzählen. Ich arbeite seit zehn Jahren im Vorstand unserer Bank mit einem Kollegen zusammen.

Ich erinnere mich noch an den gemeinsamen Anfang und er wahrscheinlich auch – denn dieser Beginn war anders, als er erwartet hatte. Ich sagte nämlich am ersten Tag zu ihm: „Bevor wir mit der Strategie starten, lass uns einen Tag in Klausur gehen und über unsere Werte sprechen: was dir wichtig ist, was mir wichtig ist. Wer bist du, wer bin ich. Wie tickst du, wie ticke ich. Ich möchte zum Beispiel gerne wissen, über was du dich ärgerst. Und wenn du dich ärgerst: Wie drückst du das aus?“

Er sah mich erstaunt an und fragte: „Muss das sein?“

Ich antwortete: „Das muss nicht sein, aber mir ist es wichtig.“

Er respektierte meinen Wunsch und sagte: „Gut, dann machen wir das einmal.“

Aus unserer ersten Runde ist ein Ritual geworden. Wir nehmen uns zwei- bis dreimal im Jahr einen Tag Auszeit für eine Klausur. Wir beginnen stets mit offenem und wertschätzendem Feedback zu unserer Zusammenarbeit, denn der Abgleich des Werteverständnisses ist die Basis für jede gemeinsame Strategie.

Unser wertvoller Umgang miteinander strahlt auf das ganze Haus und darüber hinaus aus. Deshalb machen wir dieses Treffen so regelmäßig.

DAUERLAUF

Kultur ist nie statisch. Auch eine Wunderteam-Kultur nicht. Das heißt, Sie können sich als Team nie auf dem Status quo ausruhen. Es bleibt ein Dauerlauf, die Teamkultur, die Sie sich wünschen, zu pflegen. Auch auf die Gefahr hin, Sie langsam mit dem Begriff zu langweilen: Diese Pflege geht nur über Kommunikation.

„KULTUR FÄLLT UNS NICHT WIE EINE REIFE FRUCHT IN DEN SCHOSS."

Albert Schweitzer hat einmal gesagt: „Kultur fällt uns nicht wie eine reife Frucht in den Schoß. Der Baum muss gewissenhaft gepflegt werden, wenn er Frucht tragen soll."

Mein Vorstandskollege und ich haben uns in unserer ersten Vorstandsklausur die Zeit gegeben, um uns klar zu machen: Wofür stehen wir beide? Und wir sind übereingekommen, dass wir uns vollen Herzens zu einer Vertrauens- und Leistungskultur bekennen. Das haben wir damals vor zehn Jahren dann auch so niedergeschrieben und für unser Haus ausgerufen.

In den folgenden Jahren haben wir diesen Anspruch sukzessive weiter ausformuliert, weil wir in den vielen Gesprächen mit den Mitarbeitern erfahren haben: Wir brauchen Konkretisierung, wenn wir ein gemeinsames Verständnis entwickeln wollen. Wir wollen uns auch alle miteinander immer wieder an unserem Anspruch messen. Wir haben Messgrößen entwickelt und führen immer wieder Mitarbeiterbefragungen durch. Wir wollen wissen: Wo stehen wir denn gerade bei dem Thema?

Ich halte das für einen unserer größten Erfolgsfaktoren. Wir machen uns immer wieder klar: In welche Richtung wollen wir gehen und in welcher Kultur wollen wir das tun?

NEUE WURZELN FÜR GENERATIONEN

ZUR PFLEGE VON KULTUR GEHÖRT NICHT NUR DAS REDEN.

Ich glaube, es versteht sich von selbst, dass wir auch sehr darauf achten, die Kultur nicht nur zu predigen, sondern auch zu leben. Denn zur Pflege von Kultur gehört mehr als das Reden. Dazu gehört alles, was ein Mensch nach außen mitteilt, auch über die Worte hinaus. Taten, die

der ausgerufenen Kultur widersprechen, wirken verheerend. So weiß ich von einem Unternehmen, das in Schieflage geraten war. Es kam zu einer Betriebsversammlung, bei der harte Einschnitte verkündet wurden. Zufällig wurden am Folgetag die schon lange bestellten Dienstautos für den Vorstand geliefert. Das sorgte für einen großen Eklat. Die Bemühungen vom Vortag, die Mitarbeiter für die Veränderung zu gewinnen, waren zunichtegemacht.

Was ich in Sachen Kultur von Wunderteams sage, gilt tatsächlich für jede Art von intakter, bewahrenswerter Kultur. Ich denke, dass in unserer Gesellschaft immer häufiger vergessen wird, dass es an uns liegt, die Kultur von Gemeinschaften aktiv zu fördern und auch zu erneuern. Tradition, die nur noch als Staffage dient, ohne gelebt zu werden, stellt keine lebendigen Wurzeln. Tradition, die sich dagegen in immer neuen Zeichen weiterentwickelt, die erneuert und bekräftigt wird, schafft neue Wurzeln für Generationen.

„Ein öffentliches Schaugießen der Glocke? Leonhard, warum denn das? So ein Aufwand ...", tönt es mir aus den Reihen des Vereinsvorstands entgegen.

Ich nicke und erwidere: „Ja, es ist schon mit Aufwand verbunden, denn wir müssen es richtig groß machen. Wir brauchen eine Tribüne, ein Rahmenprogramm, die Feuerwehr und so weiter. Aber ich glaube, dass es das wert ist."

„Und was soll das wert sein?", fragt einer vorsichtig.

Ich antworte: „Es wird die Waldecker und alle Anwesenden viel mehr mit der Glocke und ihrer neuen Heimat verbinden. So ein Ereignis hat es bei uns noch nie gegeben und wird es wahrscheinlich auch so bald nicht mehr geben. Das Gießen der Glocke wird uns allen im Gedächtnis bleiben und ich wette: Das ist etwas, von dem unsere Kinder noch ihren Enkeln erzählen werden."

Ich schaue die Kritiker eindringlich an: „Denn es geht ja nicht allein um die Glocke, sondern um viel mehr. Sie ist ein wichtiges Zeichen, dass wir unsere Tradition weiterleben und erneuern. Dabei zu sein, wenn sie hergestellt wird, brennt dieses Zeichen quasi in die Köpfe ein. Die Brüder haben

angeboten, dass wir bis Einbruch der Dunkelheit warten, bis das flüssige Metall durch den Kanal in die Form geleitet wird. Es wird also eine glühende Spur ziehen. Ein überwältigender Anblick."

Viele am Tisch sind sichtlich hingerissen von der Vorstellung.

„Also, seid ihr dabei?", frage ich in die Runde.

Fast alle nicken begeistert.

Nach der Sitzung sagt der Vorsitzende zu mir: „Leonhard, ich vertraue dir und verlasse mich auf dich. Ich finde das Vorhaben mutig, aber du wirst dir schon etwas dabei gedacht haben."

Wir haben tatsächlich ein öffentliches Glockengießen veranstaltet. Von den Medien als Jahrhundertereignis angekündigt, hat es alle Erwartungen erfüllt. Noch heute sprechen die Waldecker davon, dass sie bei der Geburt „ihrer" Glocke dabei waren.

Ich hoffe, ich konnte Ihnen in diesem Kapitel deutlich machen, warum ich glaube, dass das gemeinsame Verständnis darüber, was wichtig und richtig ist, erst die Basis für eine Zusammenarbeit legt, in der Außerordentliches entstehen kann. Wunderteams brauchen Werte.

WUNDERTEAMS BRAUCHEN WERTE.

Um mit einem Bild abzuschließen, bevor ich mit Ihnen gemeinsam im nächsten Kapitel sehen möchte, warum diese Teams in der Lage sind, Wunder zu schaffen: Die Übereinstimmung in den Werten ist wie ein wohl vorbereiteter Acker mit fruchtbarer Erde. Dieses Feld ist noch nicht die Ernte selbst, aber es ist die unabdingbare Voraussetzung für dreifaches Wachstum: für das persönliche Wachstum jedes einzelnen Teammitglieds, für das Wachstums des Teams und schlussendlich für das Wachstum im Ergebnis – an dessen Gipfel ein Wunder steht.

Wie es zu diesem vielfachen Wachstum auf dem bereiteten Feld der Werte kommt? Darum geht es im nächsten Kapitel.

WENN EIN TEAM VOLL ANSCHIEBT …

Ein Samstagnachmittag auf dem Schlossberg. Ich habe mich für ein Stündchen von meinen anderen Verpflichtungen losgeeist und bin hier hoch gewandert. Hier oben herrscht Aufbruchstimmung. Seit alle wieder glauben, dass wir die Kapelle doch vielleicht revitalisieren können, ist erst recht wieder Schwung in die Arbeiten rund um die Burg gekommen. Die Finanzierung steht zwar noch in den Sternen, aber das Vertrauen ist da, dass es schon irgendwie klappen wird.

Wie so oft am Wochenende sind viele Helfer da. Als vor einigen Jahren die ersten Anfragen kamen, ob ich nicht in den Vorstand des Vereins möchte, hatte ich noch abgelehnt, denn ich wusste, dass ich nicht jedes Wochenende hier oben Steine schleppen konnte, so wie diese Helfer – das hätte ich nicht leisten können. Doch als der Vorsitzende mit seiner Bitte nicht lockerlassen wollte, sagte ich ihm: „Eines muss euch klar sein: Ich kann nicht ständig hier sein. Aber ich biete an, dass ich mich um alles kümmere, um was ich mich kümmern kann. Wenn ihr mich unter diesen Umständen dabeihaben wollt, dann herzlich gern. Dann will ich meinen Beitrag leisten." Das haben sie akzeptiert.

Einige der Helfer hier sind nicht nur am Wochenende, sondern fast täglich da. So wie Franz Horn. Er war einer von den dreien, die sich damals in den 1980ern auf die Suche nach der Burg machten, obwohl alle anderen sie belächelten. Schon als er noch berufstätig war, hatte er jede freie Minute auf dem Schlossberg verbracht. Und seit er in Rente ist, vergeht kein Tag, an dem er nicht hier oben Hand anlegt.

„Servus, Franz,", spreche ich ihn an, „wie geht es deinem Knie?"

„Na ja", schnauft er, als er sich ein bisschen mühsam erhebt, um mir die Hand zu schütteln. Gerade hat er noch einen lockeren Stein ganz unten in der Außenmauer wieder mit etwas Mörtel befestigt. „Operiert gehört das Knie halt. Aber das lass' ich jetzt noch nicht machen, sonst verpass' ich zu viel Arbeit hier."

„Franz, du bist ein Phänomen!" Ich schüttele lachend den Kopf: „Meinst du nicht, dass die Burg auch mal eine Zeit lang ohne dich auskommt?"

Er lacht mit und erwidert: „Die Burg ohne mich vielleicht schon, aber ich ohne die Burg? Na, das geht nicht."

Dann wird er ernst und sagt: „Gerade jetzt, wo es fast so ist wie damals, als wir angefangen haben, die Burg freizulegen. Alle helfen zusammen. Die sind so begeistert von der Idee, dass da wieder eine Kapelle herkommt. Und jeder Einzelne tut, was er kann."

„Schau", sagt er und deutet mit dem Finger auf den Weg, der in die Burganlage hineinführt. „Da vorne richtet der Schreiner vom Ort gerade die Ruhebank wieder her, wo die Leute gerne sitzen und auf Waldeck runterschauen."

Er schwenkt seinen Arm ein Stück weiter: „Da hinten kümmert sich der Opa Eule um den Schaukasten, in dem die Geschichte der Burg hängt. Gleich daneben baut der Sepp ein Stück der historischen Mauer nach. Der ist so gut darin geworden, dass sogar der vom Denkmalschutz gestaunt hat."

Dann deutet er mit einer ausladenden Armbewegung hinter das Gemäuer: „Und gerade haben wir die Bodenplatten fertig verlegt – alles in Eigenleistung."

Franz Horn stemmt seinen Arm in die Seite: „Das machen die alle ehrenamtlich. Nur weil ihnen die Burg wichtig ist. Ein jeder tut, was er kann. Und so wird es gut."

Ich nicke und bestätige: „Es wird sogar sehr gut. Ja, da geht was voran, wenn ein Team voll anschiebt und jeder sein Bestes gibt."

6. WO DAS VIELFACHE WIRKT

„Was einer alleine nicht schafft, das schaffen viele."

FRIEDRICH WILHELM RAIFFEISEN

Ihr Feld ist also gut vorbereitet: Dafür haben Sie im Team geackert und die Erde glattgezogen - bei Ihrem Ziel und Ihrem Werteverständnis herrscht Klarheit.

Das Saatgut sind Sie selbst: Lauter Menschen, die sich sowohl mit dem Ziel als auch mit den Werten identifizieren können. Alles ist bereitet für eine gute Ernte. Und jetzt? Jetzt lassen Sie es wachsen.

Na ja.

Ein erfahrener Landwirt aus der Oberpfalz würde Ihnen sagen: „Gib no a bisserl Dünger dazua, no wachst's besser." Und weil Oberpfälzer immer recht haben, weiche ich mit Ihnen kurz vom Plan ab. Wir gehen nicht als erstes auf das Feld und beobachten, was da dreifach wächst. Lassen Sie uns stattdessen vorher noch auf das sehen, was Teams zur Wachstumsunterstützung brauchen. Auch wenn das bei Menschen ein bisschen anders aussieht als auf dem Acker.

GESUNDE ÄPFEL

Was das Wachstum der einzelnen Teammitglieder, des Teams und des Ergebnisses voranbringt, besteht aus drei Komponenten. Sie ergänzen sich perfekt, gehen ineinander über und potenzieren sich gegenseitig. Es handelt sich erstens um eine optimistische Grundhaltung, zweitens um die bedingungslose Wertschätzung und drittens - und das ist aus meiner Sicht der wichtigste Anteil - um Vertrauen.

Über die erste Komponente, die optimistische Grundhaltung, habe ich Ihnen bereits in den Kapiteln über den einzelnen Wundermacher viel erzählt. Das meiste, was ich dort beschrieben habe, gilt 1:1 für alle Mitglieder eines Wunderteams. Denn jeder, der bei einem Wunder einfach mitmacht, ist ein Stück weit selbst ein Wundermacher.

WAS DAS WACHSTUM DER EINZELNEN TEAMMITGLIEDER, DES TEAMS UND DES ERGEBNISSES VORANBRINGT, BESTEHT AUS DREI KOMPONENTEN.

1.

OPTIMISTISCHE GRUNDHALTUNG

Das heißt, auch jedes Teammitglied muss für sich darauf achten, seine Energie nicht an Ärger oder Nörgeln zu verschwenden. Durch Jammern kann er selbst nicht die Leistung bringen, zu der er fähig ist. Darüber hinaus steckt er auch andere damit an wie der faule Apfel die anderen Äpfel im Korb.

Klar, jeder hat mal einen schlechten Tag, an dem für ihn alles düster aussieht. Da zeigt sich der Vorteil eines guten Teams. Dort gibt es immer genügend Menschen, die den Dünger der positiven Hoffnung verteilen – auch die Hoffnung steckt nämlich an und schon sehen Leben und Arbeit wieder freundlicher aus. Ganz nach dem päpstlichen Motto, das Sie aus Kapitel 2 schon kennen: „Wer Hoffnung hat, lebt anders."

GOETHE WAR GUT

Die zweite unerlässliche Komponente für Wachstum rund um das Team ist bedingungslose Wertschätzung. Diese Haltung ist eine Grundvoraussetzung. So eine Wertschätzung ist unabhängig von Leistung oder Situation. Sie ist vielmehr eine innere Haltung gegenüber einem Menschen als Persönlichkeit, nicht gegenüber seiner Funktion. Das macht einen großen

IST WERTSCHÄTZUNG BEDINGUNGSLOS, MUSS KEINER ANGST HABEN, SIE ZU VERLIEREN.

Unterschied, denn ist die Wertschätzung bedingungslos, muss keiner Angst haben, sie zu verlieren. Sie ist deshalb Grundlage für jedes produktive Klima.

Angst macht Menschen entweder klein oder aggressiv. Beides wirkt sich negativ auf die Leistung aus. Deshalb halten es gute Teams mit Goethe: „Behandle die Menschen so, als wären sie, was sie sein sollten, und du hilfst ihnen zu werden, was sie sein können."

In einem Team, das von Geringschätzung geprägt ist, wird keiner sein Leistungsvermögen voll ausschöpfen. Der Wunsch und der Wille, zum gemeinsamen Erfolg beizutragen, sinkt gegen null. Das sagt der gesunde Menschenverstand genauso wie unzählige Studien zu dem Thema.

Für die dritte Komponente der Wachstumsförderung, das Vertrauen, muss ich ein bisschen weiter ausholen, weil es von so grundlegender Bedeutung ist. Ich hoffe, ich habe Ihr Vertrauen, dass sich das Weiterlesen für Sie lohnt.

ZU FUSS, ZU PFERD

Das Vertrauen ist ganz eng verknüpft mit der Wertschätzung. Doch während das eine von Anfang an bei 100 Prozent liegen kann, geht es mit dem Vertrauen langsamer vonstatten. Ein Sprichwort sagt: „Vertrauen kommt zu Fuß …" Vertrauen entsteht nur langsam und in vielen Schritten, auch weil es eine Sache von Geben und Nehmen ist. Einer muss den Anfang machen und den ersten Schritt gehen. Hat er das getan, wird dieses Stückchen Vertrauensvorschuss im positiven Sinne zum Bumerang: Es kommt zurück. Und so fliegt der Bumerang hin und her. Jedes Mal, wenn er angeflogen kommt, wächst das Vertrauen weiter.

Ich gebe zu, dass nicht jeder Bumerang zurückkommt. Doch wenn Sie keinen loswerfen, kommt garantiert keiner zurück. Nehmen Sie den

MediaMarkt-Gründer Walter Gunz. Seine Grundidee zu Beginn war ein Arbeiten mit Freiheit, Freude und Dezentralität. Er sagt: „Was ist, wenn geschenktes Vertrauen missbraucht wird? Das erleben wir natürlich jeden Tag. Das tut weh, aber es darf uns nicht daran hindern, Vertrauen immer wieder neu zu schenken."

Es ist auch illusorisch zu glauben, dass ein einmal gefasstes Vertrauen für immer hält. Das Sprichwort von eben geht nämlich noch weiter: „... und Vertrauen reitet auf dem Pferd davon." Ich möchte sogar ergänzen: Sie müssen weit gehen, um dieses Pferd wieder einzufangen. Vertrauen ist ein hohes Gut, denn es ist schneller zerstört als aufgebaut.

VERTRAUEN IST EIN HOHES GUT, DENN ES IST SCHNELLER ZERSTÖRT ALS AUFGEBAUT.

Wie stark oder wie echt das Vertrauen ineinander wirklich ist, erweist sich beim ersten echten oder vermeintlichen Fehler. Wird in so einem Fall reflexhaft nach einem Schuldigen gesucht statt nach dem Lernerfolg, ist das Pferd schon davon gestürmt. Selbst wenn es nur einen im Team „trifft", ist auch das Vertrauen der anderen verloren.

Vertrauen will auch immer wieder erneuert werden. Wie das Wasser in einem Topf, der offen auf dem Herd steht, langsam verdampft, so verliert sich auch Vertrauen schleichend, außer Sie schütten kontinuierlich etwas nach. Das heißt, Sie müssen etwas für den Erhalt des Vertrauens tun. Das funktioniert am besten durch regelmäßige Gespräche und vor allem durch Verlässlichkeit im täglichen Handeln. Wenn einer eine etwas schräge Führungspersönlichkeit ist und zwar jeden Tag gleich schräg, dann ist das kein Problem für die anderen. Doch kaum etwas verunsichert ein Team mehr, als wenn ein Chef heute sagt: „Super gemacht!" und am nächsten Morgen über den gleichen Vorgang flucht: „Wer hat denn den Sch... verbrochen?" Was heute gut ist, muss auch morgen gut sein und umgekehrt.

Dasselbe gilt für die Glaubwürdigkeit. Wer Wasser predigt und heimlich Wein trinkt, setzt das Vertrauen in seine Person aufs Spiel. Deshalb gehen Vertrauen, Verlässlichkeit und Glaubwürdigkeit auch mit dem gemeinsamen Werteverständnis einher. Wenn wir uns im Team klar sind, wie unsere

EINE VERLÄSSLICHE ORIENTIERUNG FÜR JEDEN TAG IST WICHTIG.

Werte in der gelebten Praxis aussehen, dann gilt diese Praxis für alle. Jede Ausnahme geht auf Kosten des Vertrauens.

Dieser kontinuierliche Abgleich und die Gespräche sind elementar wichtig. Jeder braucht eine klare Vorstellung davon, was im Team als richtig und als falsch gilt - eine verlässliche Orientierung für jeden Tag ist wichtig.

VON MENSCH ZU MENSCH

Vertrauen ist auch etwas, was nicht erfolgreich verordnet werden kann. Es geht sogar nur von Mensch zu Mensch. Deshalb ist es mit wachsender Größe eines Teams schwieriger, dieses Vertrauensniveau zu halten. Bei einem Vortrag vor Führungskräften habe ich das einmal so gezeigt:

Ich trete ein Stück vom Rednerpult weg und hole aus meiner Jacketttasche eine Schnur. An ihr Ende ist ein Gewicht gebunden.

Zunächst fasse ich die Schnur ganz nah an dem Gewicht und halte sie hoch. Die Schnurlänge, an der das Gewicht frei schwingen kann, ist also kurz.

„Das, meine Damen und Herren, ...", sage ich und deute auf das Gewicht, „... ist das stabile Vertrauen, das in einem Team herrscht, in dem Sie mit jedem Mitarbeiter in Kontakt stehen."

„Wenn es jetzt zu Schwierigkeiten oder Störungen kommt, passiert das ...", sage ich und klopfe mit dem Zeigefinger der anderen Hand leicht an den gespannten Faden. Das Gewicht am Ende rührt sich kaum.

Ich konstatiere: „Sie sehen, dass das Gewicht kaum aus dem Gleichgewicht kommt, das Vertrauen bleibt stabil."

Vereinzeltes Nicken im Publikum.

„Nun stellen Sie sich vor", fahre ich fort, „Sie stehen nicht in diesem engen Kontakt, sondern sind viel weiter voneinander entfernt. Dann bietet sich dieses Bild ..."

Ich lasse die Schnur durch meine Finger gleiten, bis das Gewicht schon fast am Boden hängt.

„Was passiert, wenn die gleiche Irritation auftritt?", frage ich die Zuhörer.

Als Antwort tippe ich genauso leicht wie vorher auf die frei schwingende Schnur. Das Gewicht schlägt weit zur Seite aus.

Ein Raunen geht durch die Reihen.

„Was ich Ihnen damit zeigen möchte, ist Folgendes", sage ich, „Je weiter Sie von den Menschen, deren Vertrauen Sie brauchen, weg sind, umso mehr müssen Sie in den Erhalt dieses Vertrauens investieren, desto mehr Strahlkraft brauchen Sie."

So kann sich die Kultur einer großen Organisation schlagartig verändern, wenn die Strahlkraft von einem Tag auf den anderen nicht mehr da ist und so das persönliche Vertrauen ins Wanken kommt. Ein Beispiel dafür ist die Geschichte der Deutschen Bank Ende der 1980er-Jahre. Insidern zufolge veränderte sich nach dem Tod von Alfred Herrhausen das Klima im ganzen Haus.

So, und ich hoffe, ich bin dem Vertrauen, das Sie in mich als Autor gesetzt haben, gerecht geworden, weil Sie nun besser verstehen, warum Vertrauen, Wertschätzung und Optimismus zusammen die Wachstumsunterstützung für Wunderteams sind.

Was sich daraus entwickelt, das schaue ich mit Ihnen jetzt an.

SO WACHSEN MENSCHEN ÜBER SICH HINAUS

1. SICH TRAUEN

Wie gesagt handelt es sich um ein dreifaches Wachstum. Jeder Einzelne im Team entfaltet sich, das Team als Ganzes kommt voran und auch im Ergebnis findet sich das Wachstum wieder. Lassen Sie uns mit dem Einzelnen beginnen. Was passiert bei ihm?

Der Anfang des Wachstums geht so. Stellen Sie sich vor, Sie haben das Gefühl, dass ein anderer Ihnen bei einer Aufgabe vertraut. Daraus schließen Sie messerscharf, dass er Ihnen zutraut, es zu schaffen. Entsprechend denken Sie: „Aha, wenn er glaubt, dass ich in der Lage bin, das zu leisten, wird er wohl die entsprechenden Fähigkeiten bei mir sehen."

Und weil Sie im Team gegenseitige bedingungslose Wertschätzung pflegen (das ist ja Teil des Düngers), begegnen Sie seiner Einschätzung mit Respekt. Sie glauben ihm, dass er es so meint, wie er es sagt. Das heißt, Sie halten es selbst für möglich, dass er recht hat: dass Sie die Aufgabe meistern können. So wächst durch das Vertrauen des anderen in Sie Ihr Selbstvertrauen. Und das hat Konsequenzen ...

In dem Begriff Selbstvertrauen steckt auch immer ‚trauen', deshalb gilt: Wer sich selbst vertraut, der traut sich was. Er hat Mut, die Freiheit zu nutzen, die der andere ihm gibt. Denn mit dem Vertrauen schenkt Ihnen der andere auch die volle Freiheit, die Aufgabe so zu erledigen, wie Sie sie im Rahmen des gemeinsamen Werteverständnisses erledigen können und wollen. Hier zeigt sich, wie wichtig die Orientierung über diesen Rahmen ist. Ist allen klar, wo es wie hingehen soll, brauchen Sie dafür keine separate Verständigung mehr. Jeder kennt sich aus.

Jetzt ist es nur so, dass Sie mit dem Höchstmaß an Freiheit auch ein Höchstmaß an Verantwortung übernehmen. Um sich das zu trauen, brauchen Sie den Mut, der aus Ihrem Selbstvertrauen erwächst.

Und weil Sie die Aufgabe so angehen dürfen, wie es Ihnen entspricht, können Sie ganz in Ihrem Element bleiben, wenn Sie sie erledigen. So erzeugen Sie die meiste Wirkung. Das heißt, Sie sind mit Freude und Leichtigkeit am Werk, selbst wenn es harte Arbeit erfordert.

Im letzten Kapitel habe ich Ihnen von der Hotelangestellten erzählt, die im Laufe eines Jahres in eine große Verantwortung hineingewachsen ist, weil sie mein Vertrauen und die wachsende Freiheit erlebt hat. Sie habe „noch nie so viel gearbeitet, aber noch nie so viel Spaß gehabt" – das waren ihre Worte. Ihr Selbstvertrauen ist eindeutig gewachsen in diesem einen Jahr.

Das ist die Konstellation aus Wertschätzung und Vertrauen, in der Höchstleistung möglich wird. Oder wie es der vorhin schon zitierte Media-Markt-Gründer Walter Gunz sagt: „Entscheidend ist, dass man Vertrauen schenkt. Denn der Mensch spürt, ob man ihm vertraut. Dieses Schenken macht ihn erst zu dem, was er eigentlich sein kann." So kann der Einzelne auch in seine nächste Wachstumsphase eintreten.

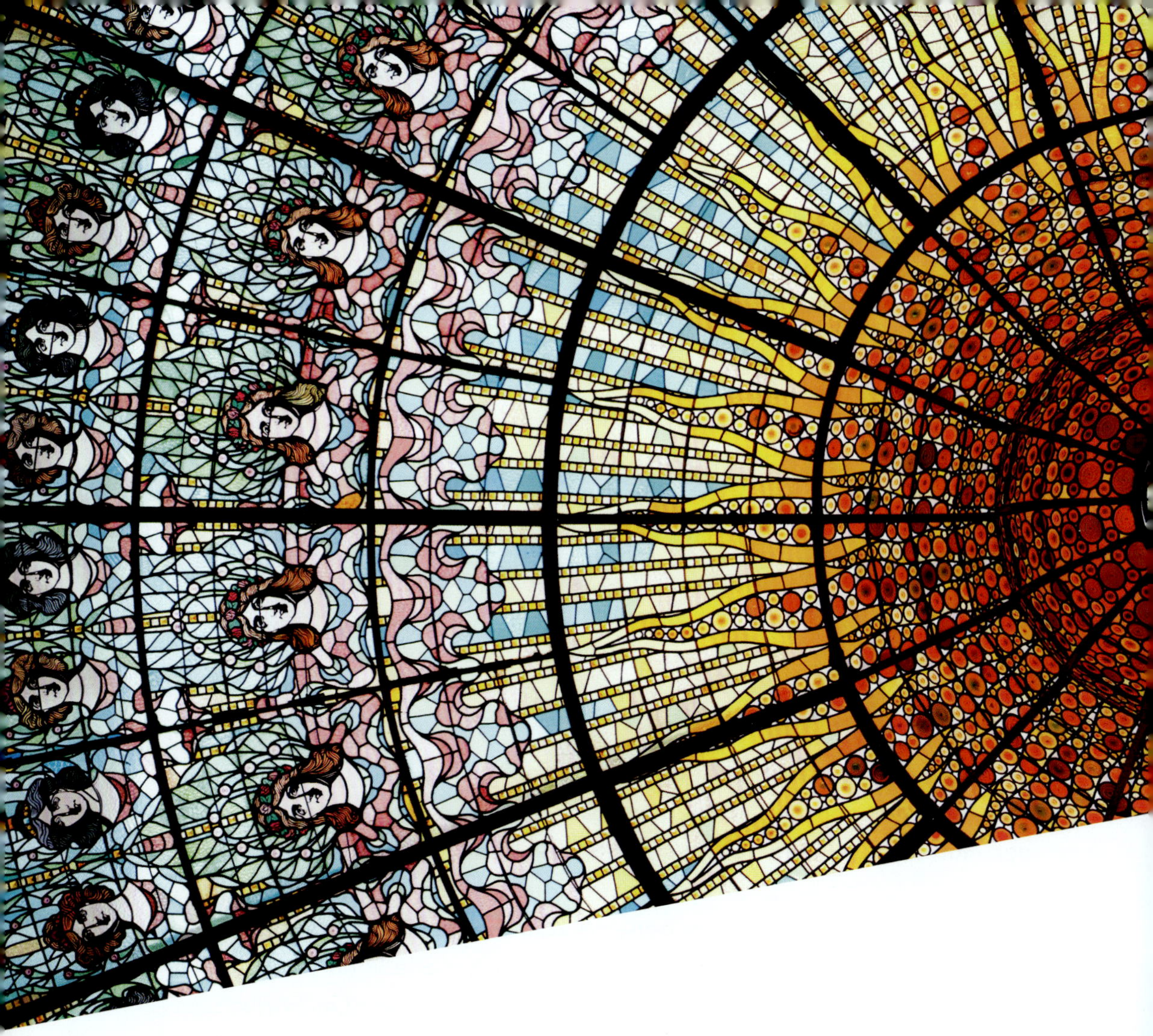

2. DAS MOSAIK

Durch die Wertschätzung, das Vertrauen, durch Selbstvertrauen und auch durch die eigene Leistung, die daraus erwächst, geht für ein Wunderteam-Mitglied die nächste Tür auf: Es erlebt sich als wichtiger und elementarer Teil des Ganzen.

WENN EIN STEINCHEN FEHLT, IST DAS MOSAIK NICHT MEHR VOLLSTÄNDIG.

Denn ein gutes Team und seine Köpfe sind wie ein Mosaik. Das setzt sich aus den verschiedensten Steinchen zusammen, die für sich unspektakulär sein können. Doch in der Gesamtschau ergibt sich ein stimmiges Bild. In dieser Gesamtschau sind die einzelnen Steinchen kaum noch

zu erkennen, aber wenn auch nur eines davon fehlt, ist das Mosaik sichtlich nicht mehr vollständig. Jedes einzelne Steinchen ist wichtig und hat seine Bedeutung.

Diese Bedeutung für sich zu erleben, ist für einen Menschen von unschätzbarem Wert. So wird für ihn der Arbeitsplatz zum Ort der Sinnstiftung und des persönlichen Wachstums. Papst Franziskus hat 2017 darüber gesagt: „Wenn wir aber an die menschliche Person ohne die Arbeit denken, dann sprechen wir nur über einen Teil, über etwas Unvollständiges, weil die Person sich in Fülle verwirklicht, wenn sie ein Arbeitender, eine Arbeitende wird." Und sein Nuntius, Erzbischof Nikola Eterović, hat in seiner Rede auf unserem Kongress zur Führung mit christlichen Werten ergänzt: „Durch die Arbeit hat der Mensch teil an der Schöpfung der Welt."

Gute Teamarbeit ermöglicht es dem Einzelnen, seine Bestimmung in der Gesellschaft zu erfüllen. Das macht in hohem Maße zufrieden und stolz. Gleichzeitig führt es zu einem weiteren Wachstumsschritt.

3. MEINE WELT

Wenn ich glaube, dass ich ein unverzichtbares Mosaiksteinchen und damit wichtig bin, macht mich das glücklich und dankbar. Diese Dankbarkeit gibt mir zusätzlich Energie, das, was ich mir vorgenommen habe, auch zu erreichen. Sie ist der Antrieb, immer noch einen Schritt mehr zu machen.

In der Konsequenz fast noch wichtiger als die Dankbarkeit ist die Erkenntnis, dass ich nur im Rahmen dieses Ganzen zu meiner vollen Entfaltung komme. Nicht ich allein bin der Größte und habe mit diesem Erfolg ein für alle Mal gewonnen, sondern ich bin es im Verbund mit den anderen und jeder Erfolg besteht erst einmal nur für diesen Moment. Das erdet mich als Mensch ungemein. Es spornt mich an, mich auch in erfolgreichen Zeiten

weiter zu engagieren. Und vor allem macht es mich demütig vor dem Dasein und der Leistung der anderen.

Dankbarkeit und Demut des Einzelnen sind die besten Voraussetzungen, um im Team (weiterhin) erfolgreich zu sein. Denn wie Josef Schmidt, Gründer des SchmidtCollegs, sagt: „Ich bin als Mensch Mittelpunkt meiner (nicht der) Welt, wohl wissend, dass dies für jeden anderen Menschen auch gilt. Dem anderen dabei zu dienen, Mittelpunkt seiner Welt sein zu können, ist die Grundlage persönlichen und wirtschaftlichen Erfolgs, die Grundlage der Betriebswirtschaftslehre, aber auch die Grundlage der Sinnfindung.“

DANKBARKEIT UND DEMUT SIND DIE BESTEN VORAUSSETZUNGEN, UM IM TEAM ERFOLGREICH ZU SEIN.

Holen Sie noch mal tief Luft, denn wir haben ganze acht Etappen vor uns, wenn ich mit Ihnen jetzt die Wachstumsmerkmale von Wunderteams durchgehe.

SO WACHSEN TEAMS ÜBER SICH HINAUS

1. REIFE

Das mehrschichtige Wachstum des Einzelnen wirkt über viele Kanäle ins Team hinein, bringt das Team selbst voran und strahlt so auch auf den Einzelnen zurück. Und die Demut mit all ihren Konsequenzen spielt dabei eine große Rolle. Schon Paulus hat erkannt, was Teams, die sich unter besonderen Umständen bewähren wollen, stark macht. Er schreibt in seinem Brief an die Philipper: „... dass ihr nichts aus Ehrgeiz und nichts aus Prahlerei tut. Sondern in Demut schätze einer den andern höher ein als sich selbst."

Das Wort „Demut" geht zurück auf den althochdeutschen Begriff „diomuoti", was so viel heißt wie „dienen wollen". Wer demütig ist, der will dienen: der Sache und dem Team. Das verhindert, dass einer ohne Rücksicht auf Verluste nur seine (Teil-)Aufgabe pusht, um gut dazustehen. Bei allem Fokus auf das eigene Tun bleibt doch das Gesamtinteresse im Blick.

Demut und Dienen sind kein Vorrecht von Heiligen. So sagt zum Beispiel unter anderem der Fußballtrainer Heiko Herrlich, der mir damit positiv aufgefallen ist: „Jeder muss Diener der Mannschaft sein." Und dieses Rezept geht in jedem Mannschaftssport auf.

DEMUT UND DIENEN SIND KEIN VORRECHT VON HEILIGEN.

Dabei hat diese Form des Dienens nichts Kriecherisches. Es bedeutet nicht, dass Sie als Dienender abwarten, bis ein anderer einen Befehl erteilt und Sie gehorchen nur. Es ist ein Dienen, das Selbstvertrauen und Mut voraussetzt. Das heißt, das können Menschen, die in dem beschriebenen Klima von Optimismus, Wertschätzung und Vertrauen herangereift sind. So wie es der ehemalige Generaloberer des Jesuitenordens Pedro Arrupe sagte: „Die Reife eines Menschen zeigt sich am deutlichsten an dem Dienst, den er in der Gemeinschaft leistet."

Dieses Zurücktreten des Einzelnen um des Teams Willen klingt selbstverständlicher als es ist. Es setzt voraus, dass jeder jedem ein Stück Größe gönnt. Das gelingt nur, wenn jede gute Leistung Anerkennung findet und das gegenseitige Vertrauen in die Leistungsfähigkeit besteht.

Ist dem nicht so, dann scheitert die Teamarbeit sowieso. Denn dann wird auch Verantwortung zurückgehalten. Das ist ein Leistungskiller erster Güte, denn wenn Sie im Team einem anderen eine Aufgabe delegieren, dann braucht der die volle Verantwortung dafür. Nur die gibt ihm den Raum, um zu gestalten und seine beste Leistung bringen zu können. Halten Sie einen Teil der Verantwortung bei sich, steht keiner von Ihnen beiden voll und ganz in der Pflicht. Das verhindert Erfolg. Das Loslassen-Können ist eine Gabe, die in Wunderteams praktiziert wird.

DAS LOSLASSEN-KÖNNEN IST EINE GABE, DIE IN WUNDERTEAMS PRAKTIZIERT WIRD.

2. DAS BESSERE EUROPA

Die Anerkennung und das Vertrauen in die Leistung und den Leistungswillen der anderen haben noch einen weiteren Effekt: Keiner wartet erst einmal ab, ob vielleicht ein anderer in Vorlage geht. Das passiert in unverbundenen Gruppen sehr oft. Wenn es etwas zu tun gibt, starren die Beteiligten erst einmal pfeifend an die Decke oder auf ihre Fingernägel, in der Hoffnung, dass ein anderer sich meldet. Es herrscht ein gegenseitiges Misstrauen, ob sich wirklich alle in gleicher Weise engagieren wollen. Dann doch lieber mal abwarten, anstatt sich hinterher als der Dumme zu fühlen. In Wunderteams ist das anders. Dort kommt es nicht immer

WAS ZU TUN IST, WIRD EINFACH GEMACHT.

wieder zu lähmendem Stillstand, weil keiner anpackt. Was zu tun ist, wird einfach gemacht. Jeder macht ungefragt an sich wahr, was er sich von anderen wünscht.

Dazu gehört auch, dass jeder sich bemüht, alle Fähigkeiten zu erlangen, die ihm noch fehlen, um seine Aufgabe optimal zu bewältigen. Und vom Team erhält er dafür jede Hilfe im Sinne einer Hilfe zur Selbsthilfe. Denn das ist ein Hauptmerkmal von Wunderteams: Sie funktionieren nach dem Subsidiaritätsprinzip. Aufgaben werden soweit irgend möglich von dem erledigt, der nahe dran ist, und zwar selbstbestimmt und eigenverantwortlich. Gegebenenfalls wird er in die Lage versetzt, sie zu schaffen. Zur Wertschätzung gehört, dass jeder, der gefördert werden will, auch gefördert wird.

Das Subsidiaritätsprinzip lässt sich bis in die komplexesten Strukturen hoch deklinieren, es steht sogar in der Präambel des EU-Gründungsvertrages. Vielleicht würde in Europa manches besser laufen, wenn es mehr Beachtung fände. Vielleicht fehlt es dafür aber an einer Voraussetzung, die in Wunderteams gegeben ist. Dort unterstellt jeder jedem zunächst einmal eine gute Absicht.

So entsteht ein Klima der absichtslosen Freundlichkeit. Was diese bewirken kann – und zwar weit über Teams hinaus –, habe ich erst kürzlich wieder erlebt. Die folgende kleine Geschichte ist an sich ganz unspektakulär, doch ich war beeindruckt. Sie hat mir wieder einmal vor Augen geführt, dass da, wo absichtslose Freundlichkeit herrscht, sich völlig unerwartete Gelegenheiten eröffnen.

Es ist mein Geburtstag. Ich bin mit meiner Frau nach Weiden gefahren. Wir wollen unseren jüngsten Sohn von der Schule dort abholen und den Nachmittag gemeinsam verbringen.

Meine Frau steigt vor der Einfahrt zur Tiefgarage aus und ich fahre den Wagen hinunter. Es ist wenig los, ich sehe nur ein Auto nach mir kommen. Ich ziehe gerade die Tür zum Ausgang auf – sie geht etwas schwer –, da höre ich hinter mir Schritte. Der Fahrer des anderen Autos strebt ebenfalls dem Ausgang entgegen.

Ich bleibe stehen und halte die Tür für ihn offen.

„Vielen Dank“, sagt er, als er hindurchgeht. „Das hätten Sie nicht machen müssen.“

„Gerne gemacht“, erwidere ich. Und füge noch hinzu: „Würden wir alle etwas aufeinander achten, dann würde es uns allen gut gehen.“

Der Mann lächelt und sagt: „Da haben Sie recht.“

Als ich etwas später das Auto wiederholen möchte, steht der gleiche Mann vor mir am Kassenautomat. Er nickt mir freundlich zu.

‚90 Cent‘ leuchtet auf dem Display auf und er steckt einen Euro in den Schlitz. Es klimpert im Wechselgeldfach, der Automat schiebt den Parkschein griffbereit aus.

„Falls Sie Wechselgeld brauchen", sagt er, „kann ich Ihnen helfen."

Ich kippe mein gesamtes Kleingeld aus dem Geldbeutel auf meine Hand: „Oh, ich glaube, ich kann Ihre Hilfe brauchen. Ich bringe nur 80 Cent zusammen."

Der Mann grinst und reicht mir die Münze rüber, die er gerade aus dem Apparat geholt hat. Er sagt: „Ich schenke Ihnen das Zehnerl!"

Ich freue und bedanke mich. Wer weiß, ob er so großzügig gewesen wäre, wenn er mich nicht als denjenigen erkannt hätte, der ihm zuvor die Tür aufgehalten hatte.

So haben wir beide zufrieden und glücklich die Tiefgarage verlassen.

3. WAS FÜR 'NE KULTUR?

In einer solchen Atmosphäre öffnen sich Menschen auch. Wenn jeder sein darf, wie er ist, und jeder in seiner Arbeit akzeptiert wird, hat niemand Angst vor Transparenz. Keiner fürchtet, in Diskussionen persönlich angegriffen zu werden. Das macht es vielen leichter, sich zu äußern. Die Diskussionen werden angeregter, weil jeder sich traut, seine Ideen und seine Perspektive einzubringen. Alle bleiben an der Lösung orientiert, statt an der verbissenen Auseinandersetzung darüber, wer recht hat. In einer solchen Streitkultur ist der Respekt vor dem Menschen gesetzt.

Gleichzeitig fällt es allen Beteiligten leichter, mit Widerspruch zur eigenen Sichtweise umzugehen. Mit der demütigen Haltung, dass jeder auf seine Art recht haben kann, verlieren sich Auseinandersetzungen nicht mehr im Kampf um die einzig gültige Wahrheit. Die Welt des anderen wird anerkannt.

Auch über Fehler kann offen gesprochen werden, denn die Grundannahme ist ja, dass jeder sein Bestes gegeben hat. Da ist also keiner „schuld", wenn etwas schiefgegangen ist. Da hat jemand etwas probiert und herausgefunden, dass es so nicht funktioniert. Prima, alle können daraus lernen. Und gemeinsam überlegen, wie der nächste Versuch aussehen kann. Viele bezeichnen das als gute Fehlerkultur. Wir könnten auch sagen: Wir ersetzen Fehler- durch Lösungskultur. Was meinen Sie?

WIR ERSETZEN FEHLER- DURCH LÖSUNGSKULTUR.

Ich habe gelesen, dass Heiko Herrlich seinen Spielern zum Thema Fehlerkultur die folgende Geschichte aus dem Johannes-Evangelium vorliest: Pharisäer zerrten eine Frau, die beim Ehebruch ertappt worden ist, vor Jesus. Sie sagten zu ihm: „In dem Gesetz hat uns Mose geboten, solche zu steinigen. Du nun, was sagst du?" Er jedoch sprach zu ihnen: „Wer von euch ohne Sünde ist, werfe als Erster einen Stein auf sie." Als sie dies hörten, gingen sie, einer nach dem anderen, hinaus.

Herrlich sagt, dass die Spieler meist erst einmal überrascht sind, dass er ihnen aus der Bibel vorliest. Aber er sagt auch, dass sie alle verstehen, was er ihnen mit der Geschichte sagen will. Ich denke, ich weiß, warum er zu einer so großen Geschichte greift. Denn diese Art mit Fehlern umzugehen, die Offenheit, die das erzeugt, macht Großes möglich. In so einem Klima gedeihen Innovationen.

Jeff Bezos sagt, dass die Hauptaufgabe in Unternehmen ist, „eine Innovationskultur zu schaffen, in der auch Misserfolge möglich sind." Genau eine solche haben Wunderteams. Sie haben Mut zum Misserfolg. Aber sie haben auch großen Mut zum Erfolg, ja zur Exzellenz. Sie achten natürlich auch kleinere Erfolge und freuen sich daran. Doch um markant etwas zu bewegen, brauchen Wunderteams, ja, braucht dieses Land Spitzenleistungen. Diese sind das Ziel. Mittelmaß gibt es schon genug.

4. EXZELLENT!

Die Freude an der herausragenden Leistung ist ein wichtiger Antrieb für noch mehr Leistung. Erfolgreich sein zu müssen, erzeugt Druck. Erfolgreich zu sein, weil das Team auf seinem Weg zum Ziel gemeinsam vorankommt, macht Sinn und erhält deshalb den Spaß an der Arbeit. Das gilt über die Wirtschaft hinaus. Dafür möchte ich nochmal Heiko Herrlich zitieren, der sagt: „Das ist der eigentliche Reichtum, mit dem Du beschenkt wirst, wenn Du Teil eines Teams bist, das füreinander da ist."

ERFOLGREICH ZU SEIN, WEIL DAS TEAM AUF SEINEM WEG ZUM ZIEL VORANKOMMT, MACHT SINN.

Diesen Reichtum strahlen solche Teams auch aus. Es ist für mich ein Hochgenuss, Betriebsbesichtigungen zu machen und zu hören, mit welcher Begeisterung die Menschen dort von ihrer Arbeit und ihren Erfolgen berichten. Die glänzenden Augen, der Feuereifer sind ein Energiegeschenk für alle Zuhörer.

Exzellente Leistungen stärken ein Team. Und die Wirkung solcher Exzellenz geht über das Team hinaus. Sie strahlt immer auch aus und fördert die Leistungen im Umfeld nachhaltig. So pflanzt sich über das erfolgreiche Team hinaus eine Atmosphäre des positiven Aufbruchs fort. Diese kann ein ganzes Land erfassen, wie ich in Estland erfahren durfte.

Das Land gilt als Musterschüler Europas, in wirtschaftlicher und in gesellschaftlicher Hinsicht. Die Esten sind uns zum Beispiel in Sachen Digitalisierung meilenweit voraus. Wenn Sie möchten, können Sie dort innerhalb von einer halben Stunde online alle Formalitäten für eine Unternehmensgründung erledigen. Ich habe es selbst ausprobiert. Und in der gleichen Woche habe ich bei uns zu Hause in Deutschland versucht herauszufinden, ob wir für unsere Fotovoltaikanlage eine Gewerbeanmeldung brauchen. Der Beamte im Rathaus konnte es mir nicht sagen, aber er hat mir vorsorglich das entsprechende Formular mitgegeben. Dieses hat sage und schreibe 16 Durchschläge. 16 verschiedene Stellen müssen sich damit befassen! So viel zum Stand der bürgernahen unkomplizierten Abwicklung von behördlichen Vorgängen bei uns.

Estland jedenfalls hat sich innerhalb der relativ kurzen Zeit seiner Selbstständigkeit in einem rasanten Tempo entwickelt – weil an allen Ecken und Enden die Menschen einfach gemacht haben. Die erreichten Erfolge waren ansteckend und haben das ganze Land in Aufbruchstimmung versetzt. Ich war vor Ort und war tief beeindruckt.

5. KEINE STRAFRUNDEN

Wenn Sie in die tägliche Arbeit von Wunderteams schauen, sehen Sie, dass ihr Erfolg auf mehr als nur der guten Stimmung basiert. Dieser gründet auch auf einer ganz profanen Tatsache: Sie sind schneller im Handeln. Sie verlieren einfach keine Zeit. Weil sie wissen, was zu tun ist.

WUNDERTEAMS SIND SCHNELLER IM HANDELN.

„Wer ständig nach dem Wind schaut, kommt nicht zum Säen, wer immer die Wolken beobachtet, kommt nicht zum Ernten", steht im Buch Kohelet des Alten Testaments. In „normalen" Teams und Organisationen dauert es lange, bis es zu einer

Entscheidung kommt. Viele Abstimmungs- und Genehmigungsrunden werden gedreht, immer noch eine Information und noch eine Absicherung eingeholt. Dort fehlt es an der einheitlichen Basis.

WER SCHNELL IST, HAT DIE VOLLE GESTALTUNGSFREIHEIT.

Wo – wie bei den Wunderteams – das gemeinsame Werteverständnis und die Ausrichtung auf das Ziel klar sind und auch regelmäßig nachgeschärft werden, ist dieser Koordinationsaufwand unnötig. Jeder hat die Orientierung für sein tägliches Handeln. Auch daraus bezieht er den Mut und die Entschlossenheit, einfach zu machen.

Dieser Vorteil beschleunigt den Alltag sehr. Selbst der beste Plan wird in der Realität nie genauso eintreffen. Das heißt, jeden Tag muss jedes Teammitglied mit einer ungeplanten Situation bestmöglich umgehen. Jeder muss jeden Tag sehr viele kleine Entscheidungen treffen. Die sind oft nach außen hin wenig sichtbar. Das ist wie im Fußball: Ich habe gehört, dass ein Schiedsrichter während eines einzigen Fußballspiels fast 300 Entscheidungen trifft. Aber nur achtzig davon bekommt das Publikum in Form eines Pfiffs mit.

Wer für jede kleine Entscheidung erst eine Abstimmungsrunde laufen muss, der verdoppelt seinen Weg. Diese wirken wie Strafrunden. So schnell kann der mit der Zusatzmeile gar nicht laufen, dass er den, der sich diese Extrameile spart, jemals einholen, geschweige denn überholen kann.

Wie wichtig die Geschwindigkeit heute für den Erfolg ist, haben Sie in Kapitel 2 zu den wunderbaren Zeiten schon gelesen: Es ist die Sache mit dem Vakuum, das sich auftut, wenn ein neuer Freiraum entsteht. Wer schnell ist, hat die volle Gestaltungsfreiheit. Wer langsam ist, hat das Nachsehen. Da zur Zeit ständig neue Räume aufgehen, ist das die Chance für mindestens 100.000 Wirtschaftswunder – für die, die die entsprechende Geschwindigkeit gehen können. Wunderteams können das und zwar nicht nur wegen der gesparten Abstimmungsrunden.

6. OHNE RUCKSACK

Bei aller Freiheit: Prozesse sind auch in einem Wunderteam wichtig. Sind sie gut, beschleunigen sie notwendige Abläufe und schlagen somit Zeit frei für die individuellen Lösungen. Die richtigen Prozesse schaffen so ihrerseits Freiheit.

Wenn Sie mich nun fragen würden, was die richtigen Prozesse sind, hätte ich eine klare Antwort für Sie: Es sind die einfachen.

Klemens Joos, Gründer der Agentur EUTOP, die sich mit den Entscheidungsabläufen in der EU auseinandersetzt, konstatiert: „Es besteht eine negative Korrelation zwischen der Komplexität eines Entscheidungsprozesses und der Relevanz individueller inhaltlicher Erwägungen für dessen

Ergebnis." Ich übersetze das so: Je komplizierter der Prozess, desto weniger zählt die Sache. Im Umkehrschluss heißt das, je einfacher, desto besser im Sinne des inhaltlichen Ziels. Und schneller ist der einfache Prozess sowieso ...

Viele Unternehmen, gerade auch in der Bankenbranche, schieben einen großen Prozessballast vor sich her. Dieser ist teils von der Regulatorik bestimmt, teils aber auch einfach so gewachsen über die Jahre. Dieser Ballast wirkt wie ein schwerer Rucksack. Stellen Sie sich zwei 100-Meter-Läufer vor. Beide haben hart trainiert und gehen jetzt an den Start. Der eine tritt mit einem schweren Rucksack auf dem Rücken an, der andere mit einem ganz leichten oder gar keinem. Sie können sich leicht ausrechnen, wer das Rennen gewinnt.

Manche Unternehmen tragen ihren Rucksack schon so lange mit sich herum, dass sie ihn kaum noch wahrnehmen. Sie wundern sich nur und jammern, dass die anderen schneller sind. Deshalb gehört so ein Prozessrucksack immer wieder systematisch aussortiert: Was davon brauchen wir wirklich noch? Ist das ein oder andere ganz unnötig geworden? Und wenn wir es brauchen: Können wir es einfacher machen, indem wir es automatisieren oder digitalisieren?

Wunderteams überdenken regelmäßig ihre Prozesse im Sinne von „kopieren – kapieren – katapultieren". Denn einfache Prozesse bringen neben dem Geschwindigkeits- auch einen Spaßvorteil: Keiner schlägt sich gerne mit komplizierten Abläufen herum.

KOPIEREN – KAPIEREN – KATAPULTIEREN

Ich gebe zu, dass Teams, in denen gegenseitiges Vertrauen und Wertschätzung herrschen, sich in vielen Bereichen auch leichter tun, Prozesse zu vereinfachen. So haben wir in unserem Haus zum Beispiel die Reisekostenregelungen abgeschafft: Wir glauben, dass jeder Mitarbeiter selbst am besten entscheiden kann, was die unter dem Strich wirtschaftlich sinnvollste Variante ist.

Prozesse sind dann gut, wenn sie alle notwendigen mechanischen Schritte so schlank wie möglich organisieren. Dann bleibt den Menschen im Wunderteam nämlich Zeit für das, was sie besonders ausmacht.

7. DEN ELEFANTEN SEHEN

Da jeder so sein darf, wie er ist, und in seinem eigenen Element arbeitet, arbeitet jeder auf seine ganz besondere Weise und ganz besonders stark. Das heißt, dass in jedem Gebiet jeweils der handelt, der es am besten kann. Ob er auf einem anderen Gebiet deutlich schwächer ist, ist egal: Da bringt sich ja ein anderer, der stärker ist, voll ein.

> **JEDER IST ANDERS UND DAS MACHT DIE STÄRKE DES TEAMS IN DER BREITE AUS.**

Das heißt, die Menschen ergänzen sich. Jeder ist anders und genau das macht die Stärke des Teams in der Breite aus. Und auch seine

Widerstandsfähigkeit: Schwächelt einer, ist die Leistung nur ganz punktuell gefährdet. Ist die Teamleistung auf einen einzelnen Superstar gebaut, dann verliert das Team, sobald die Kraft des Leaders nachlässt. Das ist wie in der Natur: Mischkulturen sind Monokulturen in Sachen Anpassungsfähigkeit und Widerstandskraft meilenweit überlegen.

In ihrer Unterschiedlichkeit schaffen Wunderteams eine Homogenität in der Leistung. Und sie schaffen noch viel mehr, denn weil Offenheit herrscht, kann jeder seine Sichtweise mit einbringen. Das ist sehr, sehr wertvoll, wie diese Geschichte aus Südasien beweist:

Ein König hatte gehört, dass es im fernen Indien eigenartige Tiere gebe, die „Elefanten" genannt würden. Weil er ein wissbegieriger König war, schickte er die fünf weisesten Gelehrten seines Landes los. Sie sollten ihm berichten, wie denn ein Elefant aussieht. Nur dummerweise waren alle fünf blind.

Nichtsdestotrotz machten sie sich gemeinsam auf den weiten Weg. Endlich in Indien angekommen, machten sie den Besitzer eines zahmen Elefanten ausfindig und der erlaubte ihnen, das Tier anzufassen. So standen die Gelehrten um den Elefanten herum und bemühten sich, sich durch das Ertasten ein Bild von dem Elefanten zu machen – jeder von dem Stück, dem er am nächsten stand.

Der erste Weise, der am Kopf des Tieres stand, rief aus: „Aha, ich habe verstanden. Ein Elefant ist wie ein langer Arm."

Der zweite Gelehrte stand am Ohr des Elefanten und widersprach: „Nein, nein! Ein Elefant ist wie ein großer Fächer."

Der dritte, der ein Bein ertastet hatte, meinte: „Ihr liegt ganz falsch! Ein Elefant ist wie eine dicke Säule."

Der vierte Weise hatte den Schwanz in der Hand und sagte: „Ich denke, ein Elefant ist wie eine dünner Strick mit einem haarigen Ende."

Und der fünfte Weise schließlich bemerkte: „Hmmm, mein Elefant ist wie eine dicke Kugel mit ein paar Borsten darauf." Er hatte den Bauch des Tieres befühlt.

Sie konnten sich ihre unterschiedlichen Ergebnisse nicht erklären. Beklommen traten sie die Heimreise an. Sie fürchteten, dass der König unzufrieden sein würde, weil sie ihm kein übereinstimmendes Bild beschreiben konnten. Aber was sollten sie tun? Sie konnten doch nur das berichten, was jeder von ihnen wahrgenommen hatte.

Als sie vor dem König standen, erzählte also einer nach dem anderen stockend von seinem Eindruck. Als sie fertig waren, warteten sie auf das Donnerwetter.

Weil der König aber nicht nur wissbegierig war, sondern auch mindestens so weise wie seine Gelehrten, lächelte er milde und sagte: „Ich danke euch, ihr habt mir und meinem Volk einen großen Dienst erwiesen. Wir wissen nun, was ein Elefant ist. Ein Elefant ist ein Tier mit einem Rüssel so lang wie ein Arm, mit Ohren wie Fächer, mit Beinen wie starke Säulen, mit einem

Schwanz dünn wie ein Strick mit ein paar Haaren daran und mit einem Bauch wie ein großer Ball mit ein paar Borsten."

Die Gelehrten waren einerseits beschämt, weil sie nicht darauf gekommen waren, dass jeder von ihnen nur einen Teil des Elefanten befühlt hatte, und andererseits erleichtert, dass sie zusammen ihren Auftrag dennoch erfüllt hatten.

Unterschiedliche Sichtweisen bereichern die Ideenfindung und -weiterentwicklung. Dafür müssen sie allerdings offen geäußert und mit Wertschätzung aufgenommen werden – so wie es in Wunderteams passiert.

Die Vielfalt der Standpunkte hat übrigens noch einen Vorteil: Jeder ist auf seinem Gebiet ganz vorne dran und hält die Augen offen. Wenn Sie sich an den Konzertsaal erinnern: Die besten Chancen, einen guten Platz und noch Raum für Gestaltung zu finden, hat der, der ganz nah an der Tür steht, wenn sie aufgeht. Wer auf seinem Gebiet vorne dran ist, entdeckt diese Türen als erstes. Ein Team sieht deshalb in Summe viel mehr verheißungsvolle neue Chancen als einer allein.

EIN TEAM SIEHT IN SUMME VIEL MEHR VERHEISSUNGSVOLLE NEUE CHANCEN ALS EINER ALLEIN.

Ich erinnere mich an ein Gespräch bei einem Glas Rotwein mit einem jungen Prämonstratenserpater im frisch renovierten Kloster Speinshart. Wir verstanden uns gut, ich bewunderte das prachtvolle Gebäude mit all seinen tollen Räumlichkeiten, die im neuen Glanz erstrahlten. Der Pater seufzte und sagte: „Ja, es ist sehr schön. Aber wir brauchen auch Leben hier drinnen ..." Die Unterhaltung blieb mir im Kopf.

Einige Zeit später, als ich gerade mit meiner Familie unterwegs war, fragt meine Frau: „Was schreibst du denn da?" Und ich antwortete: „Mir ist gerade die Chance für das Kloster Speinshart eingefallen. Wir machen dort ein Zentrum für Führung mit christlichen Werten." Daraus ist zunächst die Kongressreihe und dann der Verein entstanden, von denen ich Ihnen schon berichtet habe. Und mehr wird folgen.

8. DIE KRÖNUNG

Jetzt habe ich mit Ihnen einen weiten Bogen geschlagen, welches Wachstum ein Wunderteam auszeichnet. Doch einen Punkt habe ich noch. Dieser ist in einer globalisierten Welt, in der das Angebot für jedes und alles unüberschaubar groß ist, von wachsender Bedeutung. Er hebt ein solches Team unter allen anderen hervor. Denn ein Wunderteam ist einzigartig.

In der demütigen Wertschätzung aller für alle gelingt das Motto: „Sei wie nur du sein kannst, aber lass auch die anderen sein, wie nur sie sein können." Jeder in diesem Team ist authentisch, in dem was er tut, in dem wie er sich verhält. In der Kombination ergibt sich ein unkopiertes und unkopierbares Team.

Es orientiert sich nicht an den Mitbewerbern, sondern ausschließlich an seinem Ziel. Es will nicht anderen etwas wegnehmen, es will der Welt etwas geben. Es macht nichts nach, es entwickelt das, was es tut, aus sich selbst heraus. Und kein anderer kann es genau so tun, wie diese Mannschaft es tut. Weil nur sie so sein können, wie sie sind, sind sie konkurrenzlos. Sie sind nicht austauschbar.

WEIL NUR SIE SO SEIN KÖNNEN, WIE SIE SIND, SIND SIE KONKURRENZLOS.

Und weil sie noch dazu gut sind, haben sie den Erfolg, den sie haben. Denn sie treten als Team im Zehnkampf an. Jeder bringt in seiner Disziplin die beste Leistung. Damit sind sie jedem noch so guten Einzelkämpfer immer überlegen, selbst wenn im Zehner-Team „nur" ganz normal talentierte Athleten antreten. Denn es ist für jeden im Team leicht, in der Disziplin zu punkten, die seinem Element entspricht. Selbst wenn der Einzelkämpfer in dieser Disziplin eine Spitzenleistung bringt: In der Endabrechnung gewinnt das Team, weil kein Mensch alles gleich gut kann.

Deshalb sage ich: Ein wertebasiertes Team aus engagierten Könnern, das mit Optimismus, Wertschätzung und Vertrauen ans Werk geht, ist die schlagkräftigste wirtschaftliche Einheit überhaupt. Und das bildet sich auch in harten Zahlen ab ...

UND AUCH ERGEBNISSE WACHSEN ÜBER SICH HINAUS

Albert Einstein hat sicher recht, wenn er sagt: „Nicht alles, was zählt, ist zählbar, und nicht alles, was zählbar ist, zählt." Doch in der Wirtschaft zählt nun mal auch das Zählbare. Wirtschaftlicher Erfolg definiert sich auch über das finanzielle Ergebnis. Einer großen Umfrage der Organisation deep white zusammen mit der Universität St. Gallen nach hängt allein ein Viertel

„NICHT ALLES, WAS ZÄHLT, IST ZÄHLBAR, UND NICHT ALLES, WAS ZÄHLBAR IST, ZÄHLT.“

des messbaren Geschäftserfolgs von der gelebten Wertekultur am Arbeitsplatz ab. Und als positiver Effekt oben drauf kommen noch die eigene Begeisterung für das Unternehmensziel und eine gute Streitkultur.

Solche Zusammenhänge sind in vielen Studien nachgewiesen. Eine der bekanntesten Studien dazu wird im Harvard Business Manager zitiert: Unternehmen, die sich durch eine werteorientierte Führungskultur auszeichnen, machen mehr Gewinn als ihre Mitbewerber. Die Forscher nennen es die „Charakterrendite“.

Mein Schluss aus solchen wissenschaftlichen Erkenntnissen gepaart mit meiner Erfahrung ist ganz einfach: An der Unternehmenskultur von heute erkennen Sie die Bilanz von morgen. Oder als Banker würde ich es so ausdrücken: Die Unternehmenskultur ist der vorlaufende Indikator für den Erfolg in der Zukunft.

AN DER UNTERNEHMENSKULTUR VON HEUTE ERKENNEN SIE DIE BILANZ VON MORGEN.

Die Volksbank Mittweida ist nur einer unter Tausenden von empirischen Beweisen dafür. Und diese Beispiele finden sich auch über die Wirtschaft hinaus. Wenn in einer Fußball-Bundesligamannschaft die gemeinsame Basis da ist, wenn einer für den anderen läuft und sie sich gegenseitig im positiven Sinne pushen, kann dieses Team gewinnen. Doch sie müssen sich über ihre gelebten Werte vorher verständigt haben: Wie wollen wir mit einem Fehlpass umgehen? Oder was tun wir, wenn wir in der Halbzeit zurückliegen? Ich glaube, dass sich erfolgreiche Trainer genau um diese Basis kümmern.

Es ist kein Zufall, dass Jürgen Klopp auch mit Liverpool ganz oben steht. Er redet viel und intensiv mit seinen Spielern. Und die Wertschätzung steht bei ihm ganz oben. In einem Interview hat er einmal gesagt: „Meine größte Stärke ist die Menschenkenntnis. Als ich selbst jünger war, dachte ich oft darüber nach, wie ich gern behandelt werden wollte.“ Er kam zu dem Ergebnis, „dass ich so behandelt werden wollte, wie ich die Menschen heute behandele.“ Ich denke, dies ist das Rezept der außergewöhnlichen Erfolge seiner Mannschaften.

Deshalb sind Wertschätzung und Vertrauen das A und O in einem Wunderteam, in dem jeder Einzelne in Freiheit und Verantwortung einfach macht, was in seiner Macht steht. Das ist sowohl für den einzelnen Menschen als auch ökonomisch der bessere Weg.

DAS IST SOWOHL FÜR DEN EINZELNEN MENSCHEN ALS AUCH ÖKONOMISCH DER BESSERE WEG.

Kritiker behaupten, Werte und Unternehmenskultur seien etwas, was wir uns nur im Wohlstand leisten können. Da bin ich ganz anderer Meinung. Für mich ist eine wertebasierte Vertrauens- und Leistungskultur gerade in Zeiten großer Herausforderungen die Voraussetzung für Wohlstand. Denn das, was bei Wunderteams herauskommt, sind in vielfacher Hinsicht bessere Angebote für die Wirtschaft und die Gesellschaft. Ja, auch für die Gesellschaft.

MEHR ALS NUR ERGEBNISSE

Was diese Erfolge aus meiner Sicht nämlich noch wertvoller macht, ist die Nachhaltigkeit, mit der sie erzielt werden. Wunderteams ist diese Nachhaltigkeit tatsächlich immanent. Jedes andere Verhalten würde die gemeinsame Basis zerstören, die aus Werten, Wertschätzung und gegenseitigem Vertrauen besteht.

Zu Beginn des Abschnitts zum Wachstum des Teams haben Sie mich aus dem Philipper-Brief zitieren hören: „Sondern in Demut schätze einer den andern höher ein als sich selbst." Dieser Vers im Neuen Testament geht noch weiter. Seine Fortsetzung lautet: „Jeder achte nicht nur auf das eigene Wohl, sondern auch auf das der anderen." Dieses „andere" geht über die anderen im Team hinaus, es bezieht sich auf das gesamte Umfeld. Ein Wunderteam ist von Natur aus mehr als nur dem persönlichen Profit des Einzelnen verpflichtet. Das Gemeinwohl gehört zu diesem Konzept dazu.

So sehen Wunderteams ihre soziale Verpflichtung. In vielen mittelständischen Betrieben schnallen in schlechten Zeiten lieber alle den Gürtel enger, als dass einige der Mitarbeiter gehen müssen. Sie sehen es als ihre Verantwortung, Jugendliche auszubilden, den örtlichen Vereinen etwas zuzuschießen, sich um ökologische Standards bei ihren Produkten und Prozessen zu bemühen.

Diese Nachhaltigkeit ist Teil des Sinns, der ein Team antreibt, wenn es darum geht, mit der eigenen Idee, dem eigenen Produkt einen langfristig tragfähigen Beitrag zum Leben der Gesellschaft zu leisten. Daraus ergibt sich ganz automatisch, dass nicht die kurzfristige Rendite zählt, sondern der langfristige Erfolg. Da wird nicht in Quartalszahlen gedacht. Denn wer morgen noch da sein möchte, kann nicht heute verbrannte Erde riskieren. Exzesse verbieten sich von selbst.

NACHHALTIGKEIT IST TEIL DES SINNS, DER EIN TEAM ANTREIBT.

Dieses wertebasierte Gemeinwohl-Konzept hat eine uralte Tradition. Im Mittelalter gab es in fast jedem Dorf Allmenden. Das waren Nutzflächen wie Wälder oder Teiche, wo sich jedes Gemeindemitglied, wenn nötig, bedienen durfte. Jeder entnahm nur so viel Holz oder Fische, wie der Wald oder der Teich vertragen konnte. Und es hat funktioniert: ein Paradebeispiel von gemeinschaftlicher nachhaltiger Ressourcennutzung.

Wie modern dieses Konzept heute noch ist, zeigt seine Übertragung in die digitale Welt in Form der „Wissensallmende“. Wissen wird zum Nutzen und zur Nutzung aller bereitgestellt, um der Gemeinschaft zu helfen. Wikipedia ist das bekannteste Beispiel dafür. Und auch in anderen Formen lebt der Allmende-Gedanke wieder auf, wie in den EssbareWildpflanzenParks, die ich schon erwähnt habe. Unsere Gesellschaft entwickelt wieder mehr Sinn für solche Ansätze.

So lässt sich auch die Beobachtung erklären, dass der Markt inzwischen Nachhaltigkeit in der Wirtschaft bewusst honoriert. Immer mehr Kunden nehmen diese gelebte Verpflichtung gegenüber den Menschen und der Natur als Wert wahr und berücksichtigen ihn bei ihrer Kaufentscheidung. Sogenanntes Greenwashing, also der Versuch, sich und seinen Produkten

ein „Nachhaltigkeits-Mäntelchen“ umzuhängen, wird schnell enttarnt und abgestraft. Wenn eine große Supermarktkette angeblich ein Herz für seine Kunden hat, aber gleichzeitig ihre Mitarbeiter schlecht behandelt, dann fällt das inzwischen auf.

Die Nachhaltigkeit in Kombination mit den hervorragenden Ergebnissen macht Wunderteams zum Modell der Zukunft. Nur sie bleiben dank ihrer kreativen Ideen und ihrer schnellen Umsetzung in den Zeiten des enorm schnellen Wandels wettbewerbsfähig und bringen gleichzeitig die Gesellschaft voran. Der Bund Katholischer Unternehmer hat es so formuliert: Was anthropologisch richtig ist (was dem Menschen entspricht), ist auch ökonomisch richtig – nicht umgekehrt.

Wunderteams sind in der Lage, die 100.000 Wirtschaftswunder zu generieren, die dieses Land braucht. Ich bin davon überzeugt. Sie auch?

LASSEN SIE UNS REDEN

Das nachfolgende Gespräch mit einem Leser hat so noch nicht stattgefunden, denn ein Leser kann ein Buch ja erst lesen, wenn es fertig geschrieben ist. Es ist trotzdem nahe an der Realität, denn ich weiß aus zahlreichen Gesprächen, die ich zu all den einzelnen Aspekten, die ich in diesem Buch zusammenfasse, geführt habe: Genau diese Fragen und Rückschlüsse werden kommen.

Bitte verzeihen Sie, wenn ich der Einfachheit halber von „dem Leser“ spreche – selbstverständlich könnte es sich auch um eine Leserin handeln. Wir sitzen also zusammen bei einer schönen Tasse Kaffee oder auch einem Gläschen Wein und reden …

Gerade hebt der Leser sein Glas und deutet ein Zuprosten an: „Sehr überzeugend, Herr Zintl. Vor allem das mit dem Zehnkampf finde ich sehr einleuchtend. Jeder bringt seine spezifische Stärke ein. Und je mehr mit voller Überzeugung mitziehen, umso besser. Das macht die Qualität in der Breite

aus. Und so ist in der Summe dieses Team unschlagbar. Das habe ich doch richtig verstanden, oder?"

„Ja, ganz recht. Und es freut mich, wenn Ihnen dieses Bild gefällt", erwidere ich und gebe die freundliche Geste mit einem kleinen Kopfnicken zurück.

Er lächelt, kraust dann leicht die Stirn und sagt: „Ich habe da aber noch eine Frage. Sagen Sie, bei solchen Teams arbeitet doch jeder gern mit, oder?"

„Ja, ich denke schon", antworte ich. Er fährt fort: „Es sollte also nicht so schwer sein, Leute zu finden. Und je mehr mit anpacken und einfach machen, desto mehr geht voran, oder?"

„Wahrscheinlich", erwidere ich. „Worauf möchten Sie denn hinaus?"

„Na ja", sagt er gedehnt, „wenn ich Ihren Gedanken weiterdenke, dann wäre das Optimum doch ein immer weiter wachsendes Wunderteam. Für jedes noch so kleine Spezialthema gäbe es dann den Mega-Spezialkönner, die Qualität in der Breite wäre bombastisch. Immer mehr Mitstreiter schlössen sich an und alle zusammen würden eine riesengroße glückliche Gemeinschaft bilden."

Er hat sich aufgerichtet, glänzende Augen bekommen und sagt nun, begleitet von einer entschlossenen Handbewegung: „Und zusammen überwinden sie die Grenzen des Unmöglichen in noch viel größeren Dimensionen. Sie machen den rücksichtslosen Praktiken in der Weltwirtschaft ein Ende und sorgen für Nachhaltigkeit auf der Welt."

„Eine sehr schöne Vorstellung", sage ich lächelnd und nippe kurz. „Sie hat nur leider ein paar kleine Haken ..."

Enttäuscht schaut er mich an: „Was meinen Sie damit?"

„Da sind zum Beispiel die Werte. Wie welcher Wert gelebt wird, hängt ganz stark davon ab, wie unser Verständnis davon geprägt ist. Lokal ist dieses gemeinsame Verständnis oft gut zu erreichen, doch je größer Sie den Kreis ziehen, desto schwieriger wird es. Verstehen Sie?"

Er nickt langsam und sinkt ein wenig in sich zusammen.

Ich fahre fort: „Sogar diese Studie von deep white, von der ich Ihnen vorhin erst erzählt habe, – die, die ein Viertel des Unternehmenserfolgs auf die Werte zurückführt – besagt, dass ein klares Unternehmensziel nur dann positiv wirkt, wenn es mit einer ausgeprägten Bodenständigkeit und Tradition verbunden ist. Das, was die als ‚bodenständig' bezeichnen, ist für mich die Übersetzung von ‚kontextabhängigem Werteverständnis'."

„Das heißt, Teammitglieder müssen alle aus der gleichen Region kommen?", fragt er.

Ich wiege den Kopf hin und her: „Na ja, zumindest bildet die Region einen sehr, sehr starken Kontext. Und der Blick für die Bedürfnisse der Kunden vor Ort ist auch gegeben."

„Darüber hinaus", fahre ich fort, „kollidiert eine wachsende Größe mit einigen Grundzügen von Wunderteams. Wenn ein Mosaik sehr groß wird, dann fällt es dem einzelnen Steinchen schwer, sich seiner eigenen Bedeutung in dem Ganzen bewusst zu bleiben. Erinnern Sie sich an das Bild?"

Mein Leser nickt erneut und senkt den Blick.

Ich füge noch hinzu: „Gleichzeitig wird der Aufwand, alle relevanten Informationen an alle weiterzugeben, immer größer. Das bindet Energie und macht das Team langsamer – wo doch Schnelligkeit gefragt ist. Größer ist also nicht besser."

Ich schüttele bedauernd den Kopf: „Ich fürchte, mein lieber Leser, Ihr Welt-Wunderteam würde scheitern."

Er seufzt. Doch dann richtet er sich entschlossen auf und sagt laut: „Haha, jetzt habe ich Sie, Herr Zintl." Erstaunt schaue ich ihn an: „Was meinen Sie?"

„Jetzt weiß ich, an was Ihre schöne Idee von diesen wirtschaftswunderschaffenden Wunderteams krankt!", sagt er energisch. „Die schießen sich nämlich mit ihrer Regionalität und überschaubaren Größe selbst ins Knie.

Die sind aus globaler, ja sogar aus nationaler Sicht einfach zu klein. Wachsen können sie nicht, weil dann verlieren sie ihren Wunderteam-Spirit. Aber wenn es um große Investitionen oder ein überregionales Thema geht, sind die raus! Wie sollen diese Zwerge sich im Wettbewerb gegen die großen Konzerne durchsetzen können?"

Anklagend sieht mich mein Leser an und fragt: „Herr Zintl, sagen Sie mir ehrlich: Wie soll das gehen? Wie sollen diese tollen, aber kleinen Teams gegen die erdrückende Macht des großen Geldes bestehen und Wirtschaftswunder schaffen?"

Er schnauft kurz und fügt dann noch hinzu: „Und kommen Sie mir nicht mit dem Argument der Nachhaltigkeit. Ja, die bräuchte diese Welt dringend – da gebe ich Ihnen recht. Aber wer schert sich wirklich drum? Die Allmenden sind im späten Mittelalter auch von ein paar Großen einkassiert worden."

Ich schweige einen Moment und streiche das weiße Tischtuch vor mir glatt.

Er sieht mich halb zufrieden, halb bangend an. Ist es wirklich so, dass die Kleinen keine Chance haben?

Dann hebe ich meinen Blick und sage: „Lieber Leser, Sie kennen mich inzwischen. Ich bin fest davon überzeugt, dass es für jedes Problem eine Lösung gibt. Und hier weiß ich es sogar: Es ist möglich, dass Wunderteams Wunderteams bleiben und doch gegen die ganz Großen bestehen können. Es gibt dafür viele ermutigende Beispiele und deshalb bin ich so optimistisch, dass wir die 100.000 Wirtschaftswunder hinkriegen. Damit Sie besser nachvollziehen können, was ich meine, möchte ich Ihnen gerne exemplarisch ein außerordentlich bewährtes Modell dafür näher vorstellen. Sind Sie einverstanden?"

Er nickt und lächelt endlich wieder.

Und ich hoffe, Sie nicken auch und folgen mir ins nächste Kapitel, denn die Idee hinter diesem Modell ist etwas ganz Besonderes.

WENN EIN TEAM NICHT MEHR REICHT …

„Elisabeth, halt mal bitte", sage ich hastig und drücke meiner überraschten Frau einen Berg Kissen und Decken in die Hand. Die sind gegen die Kälte ausgeteilt worden, die im Mai zur Eröffnung der Theatersaison auf der Burg Leuchtenberg noch herrscht. Jetzt, nach Ende der Vorstellung, wollten wir sie gerade zurückbringen. Doch ich habe in der Menge jemanden entdeckt, der für jene Bewegung sorgen kann, die die Kräfte unseres Teams vor Ort übersteigen. Ihn möchte ich unbedingt ansprechen: den bayerischen Wissenschaftsminister. Er hat soeben dem BR Fernsehen Rede und Antwort gestanden, doch nun erlöschen die Scheinwerfer.

Ich haste hinüber und sage etwas atemlos: „Herr Minister, darf ich Sie kurz ansprechen? Ich habe vor Ort eine etwas komplizierte Situation, die Sie aber vielleicht lösen könnten. Es ist so: In anderen Bundesländern ist es möglich, Bundes- und Landesmittel im Denkmalschutz zu kombinieren. Nur in Bayern machen wir das nicht. Wäre es nicht sinnvoll, die Möglichkeit zu prüfen, bevor Projekte hier bei uns nur deshalb nicht realisiert werden können?"

Der Minister antwortet: „Warum nicht? Das klingt vernünftig. Schreiben Sie mir das mal."

Darauf bin ich vorbereitet und ziehe einen Umschlag aus der Tasche: „Ich muss Ihnen das nicht mehr schreiben, ich habe den Brief schon fertig."

Er grinst und nimmt ihn entgegen.

Zufrieden schaue ich dem Minister nach, wie er mit meinem Brief in der Hand dem Ausgang zustrebt.

***

Während ich noch auf die Antwort aus dem Ministerium warte, hat sich in Waldeck hoher Besuch angesagt. Bayerns oberster Denkmalpfleger kommt auf Stippvisite. Ihm erzähle ich von meinem Vorstoß.

Er lacht nur kurz auf und sagt: „Mittel aus Berlin? Das geht nicht. Da haben Sie praktisch keine Chance."

Ich frage nach: „Was meinen Sie: Wie hoch ist die Chance? Unter 1 Prozent?"

Er macht eine wegwerfende Handbewegung: „Unter 0,01 Prozent."

„Na gut", sage ich fröhlich, „das ist mehr als Null."

***

Unmittelbar danach kommt der Anruf aus der Münchner Staatskanzlei: „Der Minister sagt, wir wollen es versuchen. Es gibt nur eine Bedingung, Herr Zintl. Heute ist Dienstag. Die Frist für die Bundesförderung ist eigentlich schon abgelaufen, aber wenn alle Unterlagen bis Freitagmittag vorliegen, würden die Berliner den Antrag noch mit reinnehmen."

Ich unterdrücke mein freudiges „Ja" und sage stattdessen: „Die Unterlagen besorge ich. Wer muss den Antrag unterschreiben?"

Antwort: „Der oberste Chef des Landesamtes für Denkmalpflege."

Ich ziehe hörbar die Luft ein und erwidere: „Das ist nicht gut. Der hat mir vorgestern erst erklärt, dass er so einen Antrag für aussichtslos hält. Wer könnte das noch machen?"

Glücklicherweise finden wir einen alternativen Unterzeichner und schaffen es tatsächlich, den Antrag am Freitag abzugeben.

DEZENTRA

LE WUNDER

7. EIN BEWÄHRTES MODELL

„Mehrere kleine Kräfte
vereint bilden eine große,
und was man nicht allein
durchsetzen kann,
dazu soll man sich mit
anderen verbinden."

HERMANN SCHULZE-DELITZSCH

Ich will Sie nicht lange auf die Folter spannen: Das beispielhafte bewährte Modell, das ich meine – das, in dem Wunderteams Wunderteams bleiben dürfen und trotzdem dem großen Geld nicht unterlegen sind –, ist schon weit über einhundert Jahre alt und doch moderner denn je. Es ist das Modell der Genossenschaft.

Eine Genossenschaft unterscheidet sich schon von der Grundidee her von den vielen anderen wirtschaftlichen Organisationsformen. Warum die besonders prädestiniert ist, Wunderteams und Wirtschaftswunder hervorzubringen, und welche Auswirkungen sie im Alltag hat, will ich Ihnen in diesem Kapitel zeigen. Fangen wir mit der Idee an.

DREI PRINZIPIEN FÜR DEN ERFOLG

Drei Kennzeichen machen aus einer Gruppe von Gründern, die gemeinsam ein wirtschaftliches Vorhaben angehen wollen, eine Genossenschaft:

Im Zentrum steht der *Förderauftrag*. Eine Genossenschaft ist immer eine Einrichtung zur Selbsthilfe. Menschen oder auch Unternehmen schließen sich zusammen, um ein bestimmtes wirtschaftliches Ziel zu erreichen, das sie alleine nicht schaffen. Über dieses Ziel hinaus aber bleibt jedes Genossenschaftsmitglied unabhängig und frei in seinem Handeln.

Der in der Satzung festgeschriebene Zweck des Zusammenschlusses ist die wirtschaftliche Förderung der Mitglieder. Bitte merken Sie sich vor allem diesen Punkt, denn er ist extrem wichtig: Nicht allein die Rendite für die Kapitalgeber steht im Vordergrund, sondern die maximale wirtschaftliche Unterstützung für die Mitglieder.

Das zweite Merkmal jeder Genossenschaft ist das *Identitätsprinzip*. Wer Mitglied, also Eigentümer, ist, ist entweder Lieferant oder Kunde. Das schließt Interessenskonflikte, wie sie bei anderen Unternehmensformen

NICHT DIE RENDITE ALLEIN STEHT IM VORDERGRUND.

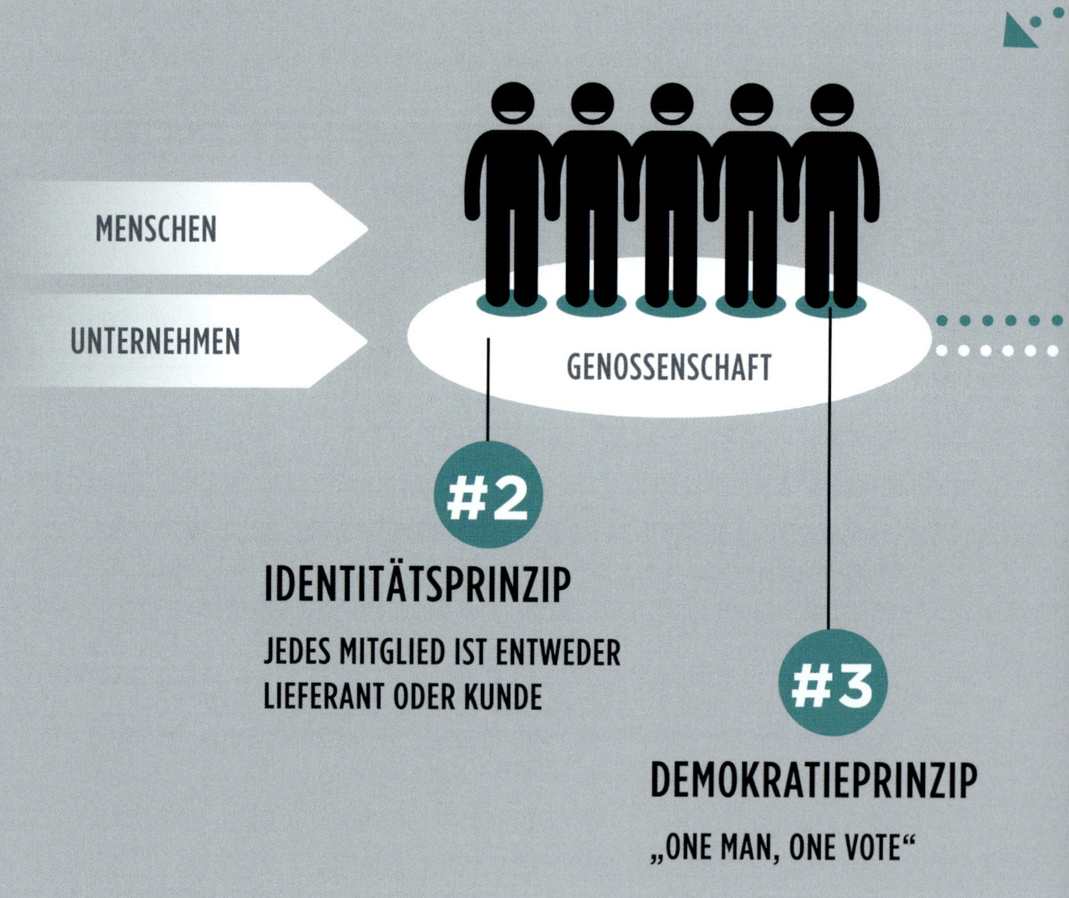

#1 FÖRDERAUFTRAG
MAXIMALE WIRTSCHAFTLICHE UNTERSTÜTZUNG FÜR DIE MITGLIEDER (= EIGENTÜMER).

MEHRWERTE/ RENDITE/ LEISTUNGEN

zwischen Inhaber oder Anteilseigner und dem Kundeninteresse entstehen können, aus. Gleichzeitig sorgt das Prinzip für eine enge Verzahnung zwischen der Genossenschaft und ihren Kunden. Die regionale Verwurzelung und die Nähe beider Seiten zueinander sind groß, denn beide Seiten sind in vielen Fällen eins.

Das *Demokratieprinzip* garantiert, dass jedes Mitglied das gleiche Stimmrecht hat. Unabhängig von der Höhe seiner Einlagen, unabhängig von seiner persönlichen Stellung oder Bedeutung – „one man, one vote“. Kein Einzelner kann eine Genossenschaft nach Belieben lenken, bei wichtigen Fragen entscheidet die Mehrheit. Das vermeidet die Beherrschung durch Kapital und damit verbundene Folgen.

Diese Eckpunkte gelten übrigens auch dann, wenn sich eine Genossenschaft nicht zu einem wirtschaftlichen, sondern zu einem rein sozialen oder kulturellen Ziel zusammenschließt. Solche Genossenschaften tragen oft erheblich zum Gemeinwohl der Region bei und schaffen so eine ganz eigene Kategorie von kleinen und großen Wundern. Nur weil ich mich in diesem Buch auf die Wirtschaftswunder konzentriere, spreche ich hier immer von den wirtschaftlich orientierten Genossenschaften – auch wenn die Grundsätze und der daraus resultierende Erfolg für alle gelten. Lesen Sie also ruhig weiter, selbst wenn Ihnen aktuell eher ein sozial- und kulturgenossenschaftliches Vorhaben vorschwebt: Sie werden

> ICH WÜNSCHE IHNEN JEDEN ERDENKLICHEN ERFOLG MIT IHRER INITIATIVE.

davon profitieren. Und ich wünsche Ihnen übrigens jeden erdenklichen Erfolg mit Ihrer Initiative.

Doch zurück zu den Genossenschaften mit ökonomischem Interesse. Ich werde immer wieder gefragt, wie sich wirtschaftlich ausgerichtete Organisationen solche scheinbar sozialromantischen Regeln leisten können. Ich muss bei dieser Frage aus zwei Gründen schmunzeln. Beide Gründe möchte ich Ihnen im Anschluss erläutern.

SOZIAL OHNE ROMANTIK

Bei dem ersten Grund geht es um das Wort „Sozialromantik". Ja, die Idee der Genossenschaft ist aus einem sozialen Ansatz heraus entstanden. Aber mit Romantik hatte sie noch nie etwas zu tun. Als Friedrich Wilhelm Heinrich Raiffeisen und Hermann Schulze-Delitzsch Mitte des 19. Jahrhunderts in den Dörfern und Städtchen für die Idee zu werben begannen, taten sie das, weil dort bittere Not herrschte. Die verarmten Kleinbauern und Handwerker brauchten dringend eine Möglichkeit, sich Geld abseits der Wucherer zu verschaffen, um Saatgut oder Gerätschaften zu kaufen.

Der Ansatz war von Anfang an Hilfe zur Selbsthilfe statt Almosen – und zwar aus der gegenseitigen Unterstützung aus einem gleich gelagerten Interesse heraus. Begegnung auf Augenhöhe und Wertschätzung inklusive, aber eben keine Gleichmacherei. Die Mitglieder sollten ihre Geschäfte weiterhin eigenständig organisieren. Jeder blieb frei und unabhängig.

Genossenschaften sind vom Charakter her zwar sozial, weil sie die gemeinsamen Interessen einer Gruppe vertreten, aber nicht sozialistisch – auch wenn diese politische Richtung den Begriff „Genosse" für sich vereinnahmt hat. Mit sozialer Marktwirtschaft haben Genossenschaften dagegen viel zu tun. Von Ludwig Erhard stammt der Satz: „Wohlstand für alle und Wohlstand durch Wettbewerb gehören

> SOZIAL, ABER NICHT SOZIALISTISCH.

untrennbar zusammen." Wettbewerb entsteht, wenn jeder die Freiheit hat, sein Angebot für den Markt so zu gestalten, wie er es für richtig hält und möglichst viele in die Lage versetzt werden, aussichtsreich in diesen Wettbewerb einzutreten. So können auch die Kleinen mit den guten Ideen, aber zu geringem eigenen Kapital Großes schaffen. Und wenn mit Wilhelm Röpke einer der Gründerväter der sozialen Marktwirtschaft sagte: „Das Maß der Wirtschaft ist der Mensch", dann entspricht das exakt dem Anspruch der Genossenschaften. Sie wollen im Interesse vieler Menschen statt einiger weniger agieren.

In der genossenschaftlichen Idee finden sich auch viele sozialethische Prinzipien wieder: nicht nur die Hilfe zur Selbsthilfe, sondern zum Beispiel auch die Verpflichtung, dass derjenige, der die Möglichkeiten hat, zu helfen, das auch tut. Wenn Sie in der Schrift des Päpstlichen Rates für Gerechtigkeit und Frieden von Papst Benedikt XVI. nachlesen, werden Ihnen viele Parallelen auffallen.

Das war also der erste Grund für mein Schmunzeln über die Frage, ob Genossenschaften sich „sozialromantische Prinzipien leisten können". Der zweite Grund folgt jetzt.

SIE KÖNNEN SICH DAS LEISTEN

DIE GENOSSENSCHAFTSIDEE IST IMMATERIELLES WELTKULTURERBE.

Ja, die Genossenschaften können sich die Prinzipien „leisten“ und zwar schon seit vielen Jahren. Mehr noch: Ich bin fest davon überzeugt, dass diese Regeln einen großen Teil ihres Erfolges ausmachen. Wenn Sie in die „Genossenschaftsszene“ schauen, lesen Sie immer häufiger von 100- oder sogar 150-Jahr-Feiern. Die lange Lebensdauer von Genossenschaften sollte Sie nicht verwundern, wenn Sie auf der anderen Seite wissen, dass für keine andere wirtschaftliche Rechtsform weniger Insolvenzen vermeldet werden. Genossenschaften gehen mit Abstand am seltensten Pleite. Die Quote lag in den letzten Jahren unter 0,1 Prozent.

GENOSSENSCHAFTEN GEHEN MIT ABSTAND AM SELTENSTEN PLEITE.

Und raten Sie mal, wie viel staatliche Hilfe Deutschlands Genossenschaftsbanken während der Bankenkrise 2008 in Anspruch genommen haben. Richtig: gar keine. Mein Freund Cay von Fournier, Autor und Unternehmer, hat einmal gesagt: „Idealismus ohne Ökonomie ist blind. Ökonomie ohne Idealismus ist kalt. In Balance der beiden kann Großes erreicht werden.“ Auch wenn er es nicht nur auf die Genossenschaften gemünzt hat, trifft es auf diese voll und ganz zu.

Die Genossenschaftsidee hat es sogar bis zum Status eines Immateriellen Weltkulturerbes gebracht. Seit dem 30. November 2016 ist sie als erster deutscher Beitrag bei der UNESCO gelistet. In der Begründung heißt es unter anderem: „Sie greift grundlegende Prinzipien des kulturellen Selbstverständnisses menschlicher Gemeinschaft auf und überträgt sie in die ökonomische Praxis. Die Genossenschaftsidee trägt zur Bewältigung gesellschaftlicher Herausforderungen bei und wird durch kreative Veränderungen immer wieder an moderne Gegebenheiten angepasst.“ Diese Anpassung lässt sich durch die genossenschaftliche Identität von Kunden und Eigentümern gar nicht vermeiden.

IN DER FAMILIE

Eine Genossenschaft muss sich immer an den Interessen ihrer Mitglieder orientieren. Sie muss deren Bedürfnisse genau kennen – und wenn sich diese Bedürfnisse wandeln, wandelt sich die Genossenschaft mit, denn die Verknüpfung ist eng. Der innige, regionale Verflechtungsprozess von Genossenschaften hält auf vielen Ebenen teils bereits seit vielen, vielen Jahren an.

Er bildet sich sogar in etlichen Familiengeschichten ab – auch in meiner eigenen. Mein Urgroßvater mütterlicherseits, Josef Härtl, gründete 1904 die Raiffeisenbank in Liebenstein. Mein Urgroßvater väterlicherseits, Michael Zintl, war Gründungsmitglied, Aufsichtsrat und später Vorstandsvorsitzender der Raiffeisenbank Leonberg. Die Ehrenurkunde, die er zum 40. Jahr seiner Mitgliedschaft 1935 erhalten hat, hängt noch bei uns an der Wand. Mein Vater war „nur" ehrenamtlicher Vorstand der Raiffeisenbank in Mitterteich, dafür aber drei Jahrzehnte lang Vorstand der regionalen Molkereigenossenschaft sowie viele Jahre Vorsitzender des Zentralverbands der bayerischen Milcherzeuger. Mit dieser langen Familientradition bin ich übrigens nicht die Ausnahme, Sie finden in vielen Regionen Deutschlands solche engen Bande mit Genossenschaften aller Art. Dabei widerspricht Tradition nicht Innovation ...

TRADITION WIDERSPRICHT NICHT INNOVATION.

WEDER GELD NOCH KUNDEN?

GENOSSENSCHAFTEN SIND DIE BESSEREN START-UPS.

Wenn Sie genau hinschauen, dann sehen Sie: Genossenschaften waren schon immer die besseren Start-ups. „Normale" Start-ups haben nämlich das Problem, dass sie am Anfang weder Geld noch Kunden haben. Das macht sie von externen Geldgebern und deren Interessen abhängig.

Genossenschaften dagegen verdienen heute schon Geld, indem sie für die Interessen ihrer Mitglieder aktiv sind. Sie sind deshalb nicht auf Fremdkapital angewiesen, wenn sie immer neue Geschäftsideen entsprechend der Bedürfnisse ihrer Kunden entwickeln. Sie müssen auch nicht zwingend auf die postwendende Rendite aus sein: Wichtig ist, dass das Vorhaben langfristig im Interesse der eigenen Mitglieder ist.

Drei Beispiele aus unserem Haus will ich Ihnen geben, damit Sie sich die Bandbreite der „Start-up-Möglichkeiten" vorstellen können: So sind wir von der Volksbank Mittweida zum Beispiel Gründungspate des Blockchain Competence Centers Mittweida und haben die Einrichtung des Masterstudiengangs zum Thema Blockchain bei uns unterstützt – der erste seiner Art in Kontinentaleuropa überhaupt.

Darüber hinaus haben wir schon vor Jahren begonnen, im Haus Expertise für dezentrale Energieversorgung aufzubauen und an unsere Kunden weiterzugeben. So helfen wir, die Wertschöpfung in der Region zu halten: Unsere Handwerker vor Ort übernehmen die Installation und verdienen das Geld, das ansonsten in die Kassen der großen Stromanbieter fließen würde.

Drittes und jüngstes Beispiel: Wir sind dabei, eine Genossenschaft für Cybersicherheit im Mittelstand ins Leben zu rufen. Aus einem von uns organisierten Wirtschaftstag heraus haben wir den großen Bedarf erkannt und werden nun im Interesse unserer Mitglieder aktiv. Wir werden in dieser Genossenschaft die zusammenbringen, die zu diesem Thema zusammengehören. Das heißt, Genossenschaften gestalten unabhängig, kompetent und innovativ die Zukunft. Sie sichern so auf lange Sicht die Interessen ihrer Mitglieder – ganz so, wie es der Unternehmenszweck vorsieht.

GENOSSENSCHAFTEN GESTALTEN UNABHÄNGIG, KOMPETENT UND INNOVATIV DIE ZUKUNFT.

Dieser ist unverrückbar, denn er ist zwingend in der Satzung niedergelegt. Und der lässt sich mit kurzfristigen maximalen Renditewünschen nicht vereinbaren, sondern nur mit langfristigen Zielen und nachhaltiger Entwicklung.

IM SCHWARM

Dieser Unternehmenszweck, die wirtschaftlichen Interessen der Mitglieder zu verfolgen, sorgt demnach von Haus aus für ein nachhaltiges Geschäftsgebaren. Denn da haben sich Menschen zusammengetan, um ein gemeinsames Ziel zu erreichen, und jeder hat dafür von seinem Geld etwas in die Kasse gelegt. Kommt Ihnen dieses Modell nicht bekannt vor?

CROWDFUNDING IST EIN ALTER HUT.

Im Grunde genommen ist das nichts anderes als Crowdfunding oder Schwarmfinanzierung. Diese Begriffe sind gerade einmal zehn Jahre alt und gelten als neuester Schrei in Sachen innovativer Finanzierungsmodelle. Dabei ist es ein alter Hut. Es gibt das Modell in Form von Genossenschaften bereits seit über 150 Jahren. Sie sind die früheste Form von Crowdfunding, auch wenn die Finanzierung damals noch nicht so hieß.

Wo immer Hilfe zur Selbsthilfe gefragt ist, sind Genossenschaften die richtige Entscheidung. Das geschieht ganz oft dort, wo der Staat einem Bedürfnis vor Ort nicht nachkommen kann oder will und kein kapitalgetriebenes Unternehmen schnelle Renditechancen sieht. Solche Situationen gibt es viele: Findet das alte Pächterehepaar keinen Nachfolger für das letzte verbliebene Wirtshaus im Dorf? Soll das einzige Freibad in der Gegend geschlossen werden? Wünschen sich Anwohner eine nachhaltigere Energieversorgung? Wollen regionale Handwerker, die sich die ökologische Holzbauweise auf die Fahnen geschrieben haben, ein gewerkeübergreifendes Angebot für Bauherren schaffen, um denen mehr Sicherheit zu geben? Die Zahl der Beispiele ist schier endlos, wo gute Ideen gefragt sind und Menschen, die diese Ideen auch umsetzen.

ES STARTET SICH SO VIEL LEICHTER GEMEINSAM.

Und wenn der eine, der die Idee hat, nicht das gesamte Risiko auf sich nehmen kann oder will, übernehmen Menschen mit dem gleichen Interesse zusammen die Verantwortung – getragen vom gleichen Bedürfnis, getragen vom gemeinsamen Werteverständnis. Es startet sich so viel leichter gemeinsam. Jeder bringt seine Stärken ein, jeder geht in die Verantwortung. Genossenschaften bieten regional oft die besten Lösungen.

JA, ABER ...

Sie könnten natürlich jetzt einwenden, dass das für regionale Vorhaben zwar sehr gut funktionieren kann und Sie vielleicht selbst solche genossenschaftlichen Projekte kennen. Vielleicht eine rentable Biogasanlage, die die umliegenden Weiler mit Strom aus erneuerbaren Energien versorgt; vielleicht ein erfolgreiches neues Dorfladenkonzept, das den Discountern trotzt; vielleicht ein lang ersehnter Breitbandausbau, den die Kommunikationskonzerne vernachlässigen; vielleicht eine Software-Schmiede für Spezialanwendungen im CAD-Bereich, die weltweite Kundenkontakte unterhält. Die sind für sich kleine Wirtschaftswunder, gestalten die Zukunft in ihrer Region und wirken so positiv in die Gesellschaft. Aber, könnten Sie fragen, wie sollen diese vielen kleinen Genossenschaften mit Herausforderungen klarkommen, die über die Grenzen ihrer Region und auch die Grenze ihrer Investitionskraft hinausgehen? Wenn mehr Geld, mehr Einfluss und eine überregionale Strategie gefragt sind, endet da nicht die genossenschaftliche Herrlichkeit?

Ich würde Ihnen antwortete: „Wenn es so wäre, wäre das sehr schade. Glücklicherweise aber endet sie dort nicht. Weil die genossenschaftliche Idee noch viel weiter trägt."

DIE GENOSSENSCHAFTLICHE IDEE TRÄGT NOCH VIEL WEITER.

GELÖSTES DILEMMA

Denken Sie nochmal an die drei Grundpfeiler jeder Genossenschaft: Förderauftrag, Identitäts- und Demokratieprinzip. Wenn Sie die auf eine Ebene höher übertragen, sind Sie beim Verbund und damit bei der – wie ich finde – perfekten Lösung des Dilemmas von klein und groß. Wo immer sich (lokale) Genossenschaften, regionale und nationale Zentral- und Spezialunternehmen sowie deren Verbände zusammentun und für ihre Interessen aktiv werden, tun diese Zusammenschlüsse nichts anderes als die „kleinen" Genossenschaften bei sich zu Hause.

Das heißt, dass erstens die Mitglieder immer auch gleichzeitig Geschäftspartner sind und dass zweitens demokratisch entschieden wird. Jeder hat nur eine Stimme. Und dass drittens ihr Förderauftrag lautet, für die wirtschaftlichen Interessen ihrer Mitglieder zu arbeiten, ohne sich in deren Selbstständigkeit einzumischen. Nur diesem Zweck ist der Verbund verpflichtet, darüber hinaus handelt jedes Mitglied eigenständig und eigenverantwortlich. Das ist Subsidiarität pur.

DAS IST SUBSIDIARITÄT PUR.

Im Verbund werden die aufwendigen, überregionalen Aufgaben gelöst werden – teils direkt im Verband, teils über ausgelagerte Zentral- und

Spezialunternehmen. In dieser Zentralität gelingt es, für besondere Aufgaben die Energie der vielen zu bündeln. Daraus beziehen alle die Stärke, um im Konzert auch der großen, weltweit agierenden Unternehmen mitspielen zu können. Und gleichzeitig über die Vielfalt in der Dezentralität zu punkten.

BEKANNTE UND UNBEKANNTE

Von dieser Vielfalt der Umsetzung der Genossenschaftsidee in den verschiedensten Branchen und Regionen Deutschlands bin ich persönlich immer wieder beeindruckt. Von der Fülle der Großen und auch der vielen, vielen Kleinen. Schon heute ist die Genossenschaftsgruppe die bei Weitem mitgliederstärkste Wirtschaftsorganisation in Deutschland. Statistisch gesehen ist jeder vierte Bundesbürger Mitglied einer Genossenschaft.

DIE GENOSSENSCHAFTSGRUPPE IST DIE MITGLIEDERSTÄRKSTE WIRTSCHAFTSORGANISATION IN DEUTSCHLAND.

Drei große bekannte und auch große unbekannte Erfolgsbeispiele unter den 7500 eingetragenen Genossenschaften in Deutschland möchte ich Ihnen zum Abschluss dieses Kapitels noch vorstellen:

Mein erstes Beispiel ist ein Verbund, den jeder kennt: die Genossenschaftliche FinanzGruppe. Mit 875 eigenständig agierenden Instituten und über 10.500 Bankstellen bietet die Gruppe eines der dichtesten Bankservicenetze Europas. Sie kommen durch kaum eine Ortschaft, in der Sie nicht ein Volksbank- oder Raiffeisenbank-Emblem sehen. Von den 30 Millionen Kunden sind weit über die Hälfte auch Mitglieder und damit Teilhaber ihrer Bank.

Die Volks- und Raiffeisenbanken fühlen sich traditionell vor allem dem Mittelstand in seiner ganzen Breite verpflichtet und verbunden. Sie stehen für eine Kultur der Selbstständigkeit und können gleichzeitig durch die enge Zusammenarbeit mit den angeschlossenen Spezialinstituten eine breite Palette an Finanzdienstleistungen aus einer Hand anbieten. Der Verbund stand und steht auch in herausfordernden Zeiten auf wirtschaftlich soliden Beinen.

Auch mein zweites Beispiel kennen Sie mit Sicherheit, selbst wenn Sie vielleicht noch nicht wussten, dass eine Genossenschaft dahintersteht: Es ist EDEKA. Der kooperative Unternehmensverbund beherrscht fast ein Viertel des deutschen Lebensmittelhandels und ist damit die klare Nummer eins im Land. Platz zwei geht übrigens an REWE, ebenfalls eine Genossenschaft.

Die heute 3800 selbstständigen Einzelhändler sind in insgesamt neun Genossenschaften organisiert, die wiederum im Verbund agieren. Die erste EDEKA-Genossenschaft entstand schon 1898, als sich 21 Berliner Kaufleute zu einer Einkaufsgenossenschaft zusammenschlossen. Seither wächst die Organisation stetig und bleibt doch regional verwurzelt. Ihre Mitglieder haben das Sterben der Tante-Emma-Läden überstanden und können der zunehmenden Konzentration im Einzelhandelssektor erfolgreich trotzen – zum Wohl der Kunden, die weiterhin wohnortnah einkaufen können.

Der Name meines dritten Beispiels gehört zu den unbekannten Größen. Er ist Ihnen wahrscheinlich nur geläufig, wenn Sie schon mal eine Homepage angelegt haben. Dann aber sind Sie nicht an ihr vorbeigekommen: die DENIC eG. Diese Genossenschaft betreibt und verwaltet die Top-Level-Domain „.de“. Unter ihren knapp 300 Mitgliedern sind praktisch alle nationalen und internationalen Internet Service Provider, wie die Deutsche Telekom oder Strato. Die Verwaltung läuft praktisch geräuschlos – ein Zeichen, dass auch auf dem digitalen Gebiet Genossenschaften zuverlässig und nachhaltig wirken.

GUT FÜR WIRTSCHAFTSWUNDER

Die Zahl der Genossenschaften ist bereits groß und wächst immer noch. Das ist kein Wunder, denn die Idee ist moderner denn je. Die regionale Verwurzelung über das Identitätsprinzip, die lokale Eigenverantwortung über das Subsidiaritätsprinzip sowie die Beteiligung aller Mitglieder über das Demokratieprinzip sind Garanten für Innovation, Nachhaltigkeit und Erfolg. Genossenschaften sind flexibel genug, die Freiräume zu gestalten, die durch die rasend schnellen Veränderungen entstehen. Sie agieren langfristig, weil ihnen die Interessen ihrer Mitglieder oberstes Gebot sind, und halten die Wertschöpfung in der Region. Gleichzeitig schaffen sie im Verbund all das, was sie vor Ort nicht gestemmt kriegen.

DIE IDEE IST MODERNER DENN JE.

Damit sind sie eine Organisationsform mit enorm viel Potenzial für eine große Zahl an Wirtschaftswundern. Und doch ist die Genossenschaft bei Weitem nicht der einzige Weg zum Wirtschaftswunder.

ZUSAMMEN HINKRIEGEN

„Leonhard, weißt du es schon?“ Es ist der 26. September 2012. Die Stimme des Bürgermeisters von Waldeck tönt aufgeregt durch das Telefon. „Das Fax aus dem Kanzleramt ist da. Der Antrag ist durch, wir kriegen das Geld. Mensch, was machen wir denn jetzt?“

„Was wohl? Wir bauen“, antworte ich lachend.

„Ja, aber das geht ja alles so viel schneller als erwartet!“, sagt er schnaufend. „Wer kann denn damit rechnen, dass ihr mit eurem kleinen Verein und wir als kleine Gemeinde so ein großes Projekt zustande kriegen?“

„Da siehst du mal, was wir Kleinen zusammen hinkriegen!“, sage ich vergnügt.

8.

UND IHR MODELL?

„Die Zukunft soll man nicht voraussehen wollen, sondern möglich machen."

ANTOINE DE SAINT-EXUPÉRY

Wundermacher und ihre Teams können ihre Ideen in einer ganzen Reihe von Rechts- und Organisationsformen umsetzen. Kreative Köpfe mit Mut finden immer einen Weg. Dazu gehören bewährte genauso wie neue, ganz eigene Wege. Und auch in bestehenden Unternehmen mit der entsprechenden Kultur ist so vieles möglich. Vor allem in kleinen und mittleren ...

MEHR STOLZ!

Gerade der Mittelstand in Deutschland hat schon vielfach bewiesen, dass er in der Lage ist, immer neue Innovationen hervorzubringen. Er tut ja auch sehr viel dafür – viel mehr, als die Öffentlichkeit wahrnimmt. Die Statistik sagt zwar, dass die Konzerne mehr in Forschung und Entwicklung (F&E) investieren als die kleinen und mittleren Unternehmen.

Doch die Zahlen täuschen. Die Großen richten eigene F&E-Abteilungen ein und statten diese mit einem Budget aus, das in der Bilanz nachzulesen ist. Das sieht bei Mittelständlern anders aus. Bei ihnen gibt es keine Trennung zwischen Arbeit und Entwicklung, denn sie forschen tagtäglich vor Ort beim Tun. Und die, die da forschen, fragen nicht lange nach einem Auftrag oder einem Zusatz in ihrer Stellenbeschreibung. Sie machen einfach. Und am Abend erzählen sie höchstens stolz ihren Kollegen oder ihrem Lebenspartner davon, wenn ihnen wieder mal ein Durchbruch gelungen ist.

MITTELSTÄNDLER FORSCHEN TAGTÄGLICH VOR ORT BEIM TUN.

Das verfälscht nicht nur die Statistik, das verfälscht auch das Bild des Mittelstandes in der Öffentlichkeit. Er verkauft sich unter Wert. Der typische Mittelständler konzentriert sich auf seinen Betrieb und denkt nicht an so etwas wie Lobby- oder Pressearbeit. Deshalb fehlt es an Markenbildung. Die vielen Erfolgsstorys werden nicht bekannt gemacht. Der Stolz ist im Mittelstand schon da, aber den auch zeigen? „Nein, keine Zeit für so ein Zeugs“, lautet oft die Antwort.

DER MITTELSTAND VERKAUFT SICH UNTER WERT.

Konzerne dagegen leisten sich Marketingabteilungen, die keine andere Aufgabe haben, als über das Gute zu reden, das das Unternehmen tut. Doch ohne die Innovationskraft des Mittelstandes könnte kein Auto für sich den Vorsprung durch Technik oder den ganz neuen Spaß am Fahren verbuchen. Das erfährt nur kaum einer, denn im Rampenlicht steht nur die Automarke. So kommt es, dass der Mittelstand in der Öffentlichkeit unterschätzt wird. Das ist kein Luxusproblem, sondern geht den Firmen an die Substanz. Fachkräfte und der Nachwuchs streben in die scheinbar zukunftsträchtigeren Konzerne, die Unternehmen vor Ort suchen händeringend nach Mitarbeitern. Das nimmt den Betrieben oft die Zuversicht.

LIEBER MITTELSTAND, TRAGT MEHR VON EUREM STOLZ UND EUREM POTENZIAL AN DIE ÖFFENTLICHKEIT!

Deshalb ist mein Appell: Lieber Mittelstand, tragt mehr von eurem Stolz und eurem Potenzial an die Öffentlichkeit. So würdet ihr auch als Arbeitgeber wieder attraktiver werden. Und wenn dieses Buch einen kleinen Beitrag dazu leistet, wäre mein Anliegen schon erfüllt. Denn ich glaube, dass es gerade in diesen Zeiten enorm wichtig ist, dass der bestehende Mittelstand sein Potenzial nutzt. Und die richtigen Menschen für Wunderteams findet. Doch auch für Neugründungen bieten sich viele, viele Chancen. Erinnern Sie sich an Kapitel 2 und an meinen Satz: „Wer die Zukunft liebt und die Veränderung mag, für den sind es wunderbare Zeiten!“

Ich freue mich auch zu sehen, dass landauf landab Menschen die entstehenden Freiräume unternehmerisch nutzen. Schauen Sie zum Beispiel mal unter dem Stichwort Initiative HeimatUnternehmen im Internet nach: Dort finden Sie viele solcher mutigen Projekte. Doch es könnte noch so viel mehr sein. Das Potenzial ist da. Mittelständische Betriebe besitzen die nötige Kreativität, die Eigenständigkeit und die Beständigkeit, die Deutschland braucht – heute mehr denn je.

MEHR JETZT!

„Das ‚Casino' ist wieder offen – und doch größer, schlauer und rücksichtsloser als in den Jahren vor der Finanzkrise." Gesagt hat das, wie in Kapitel 2 bereits erwähnt, 2018 kein geringerer als Siemens-Vorstandschef Joe Kaeser. Wen er damit meinte, war die Schar der aggressiven Investoren, die der kurzfristigen Rendite zuliebe keine Rücksicht auf langfristige Strategien nehmen. Ein solches Geschäftsgebaren kann selbst große Unternehmen ins Straucheln bringen.

„DIESE WIRTSCHAFT TÖTET."

Für solche Investoren spielt auch soziale und ökologische Verantwortung keine Rolle, ihr Auftrag ist ein anderer. Papst Franziskus hat es einmal sehr drastisch ausgedrückt. „Diese Wirtschaft tötet", hat er gesagt mit dem Blick auf diejenigen, die auf die Gewinne von einigen wenigen zulasten von vielen setzen.

Das Problem ist, dass gerade aktuell sehr viel solches Kapital unterwegs ist. Und das wirtschaftliche Potenzial in Deutschland wirkt ausgesprochen anziehend auf die Geber. Und genau deshalb schreibe ich jetzt dieses Buch. Denn es gibt eine Krux für Unternehmen, die von Kapitalgebern abhängig sind. Die Interessen dieser Investoren müssen nicht zwangsläufig auf den schnellen Gewinn ohne Rücksicht auf Verluste ausgerichtet sein. Entsprechend würde ich nie behaupten, dass alle börsennotierten Unternehmen nur von Quartalszahlen und vom Shareholder-Value getrieben sind. Oder Firmen, die sich mit Risikokapital versorgen, zwangsläufig in eine Silicon-Valley-Denke rutschen. Doch das Risiko ist immer da.

KAPITALABHÄNGIGE UNTERNEHMEN HABEN IHRE ZUKUNFT AUS DER HAND GEGEBEN.

Es besteht die reelle Gefahr, dass die Geldgeber einen Einfluss ausüben, der nicht zum dauerhaften Wohle des Unternehmens und schon gar nicht von dessen momentanen Kunden ist. In Bayern sagt man: „Wer zahlt, schafft o'." Übersetzt: Wer das Geld einbringt, hat das Sagen. Und so ist derjenige, der vom Geld anderer abhängig ist, nicht mehr selbstbestimmt, er hat seine Zukunft aus der Hand gegeben.

Egal wie die Entscheidung jeweils ausfällt: Sie wird stets von den Lenkern in der Konzernzentrale getroffen, nicht von den Menschen vor Ort. Ob das Ergebnis in deren Interesse liegt oder nicht, ist nicht zwingend von Belang. Die Gestaltung ihrer Zukunft liegt also in fremden Händen.

Wenn wir in Europa, in Deutschland, in unserer Region jedoch sicher gehen wollen, dass unsere Interessen eine Rolle im Entscheidungsprozess spielen und unsere Zukunft annähernd so aussieht, wie wir sie uns wünschen, können wir uns nicht auf die Entscheidung von großen Unternehmen verlassen. Wir müssen selbst in die Gestaltung gehen. Tun wir das nicht, dürfen wir uns hinterher nicht beschweren, wenn uns das Ergebnis nicht gefällt. Dasselbe gilt übrigens auch für Politik und Gesellschaft. Jeder, der die Chance nicht nutzt, selbst zu gestalten, wird gestaltet. Er muss damit zufrieden sein, was andere entscheiden. Jammern hilft da nichts.

WIR MÜSSEN SELBST IN DIE GESTALTUNG GEHEN.

Es ist also in unserem ureigenen Interesse, uns vor Ort ein größtmögliches Maß an Selbstbestimmtheit zu bewahren. Die Mittel dazu haben wir, wir müssen sie nur bewusst nutzen. So wie Pep Guardiola, der mit einem Navi in der Hand gemeinsam mit Pippi Langstrumpf auf einem Elefanten reitend den Kilimandscharo erklimmen möchte. Sobald die Ampel auf Grün schaltet.

PEP, PIPPI UND DER ELEFANT

Wenn Sie sich fragen, wie diese Figuren zusammengehören und was ihr Plan mit Wirtschaftswundern zu tun hat, sind Sie nicht allein. Die Teilnehmer in den Seminaren, die wir bei uns in der Bank und darüber hinaus in Sachen „Zukunft Einfach Machen" geben, fragen sich das zu Beginn der Veranstaltung auch. Wir haben die folgenden sechs eingängigen Bilder dafür entwickelt, wie jeder Einzelne zum Wundermacher werden kann. Und die möchte ich Ihnen kurz vorstellen:

1. DIE AMPEL AM START:

Wenn Sie schon einmal ein Formel-1-Rennen verfolgt haben, kennen Sie den Anblick: Nach der Einführungsrunde stellen sich zwanzig hochglanzpolierte Rennautos in Zweierreihen auf.

Die Chancen, als führendes Fahrzeug in die erste Kurve einzubiegen, sind offensichtlich ungleich verteilt. Wer auf Startplatz fünf, zehn oder gar zwanzig steht, wird sich mit großer Wahrscheinlichkeit nicht an die Spitze setzen können. Der Fahrer auf der Poleposition hat die beste Ausgangslage, hat den meisten Platz und keinen vor der Nase. Er hat es leichter.

Je besser es Ihnen gelingt, sich an die Spitze einer Veränderung zu setzen, desto geringer ist Ihre Anstrengung, auch weiterhin vorne mitzumischen. Sie können sich mit Ihrer Zeit und Energie ganz auf die Innovation konzentrieren, denn Sie müssen die anderen nicht erst einholen. Wenn Sie es klug anstellen, wächst Ihr Vorsprung mit jedem Meter.

2. DER ELEFANT:

Jeder kennt einen Elefanten. Wenn Sie direkt davorstehen, ist er ganz schön groß. Er überragt Sie bei Weitem, Sie können weder über ihn hinüber noch an ihm vorbeischauen. Sie sehen nur den kleinen Ausschnitt Elefant direkt vor Ihrer Nase.

Nun könnten Sie denken: ‚Dieses graue riesige Etwas ist sicher viel zu groß, als dass ich es jemals erfassen und damit zurechtkommen könnte.' Diese Gedanken führen dazu, dass Sie erschrecken, jammern und resignieren.

Sie können aber auch denken: ‚Oh, wie spannend.' Sie arbeiten sich Stück für Stück den ganzen Elefanten entlang und erfahren so alles, was Sie über ihn wissen wollen. Auf diese Weise kommen Sie prima mit der Größe des Elefanten zurecht.

Genauso ist das mit großen Veränderungen wie der Digitalisierung. Sie wirken erst einmal unüberschaubar. Doch es ist Ihre Wahl, wie Sie an die Veränderung herangehen und ob Sie daran verzweifeln oder sie Stück für Stück für sich erobern.

3. PIPPI LANGSTRUMPFS EINSTELLUNG:

Pippi Langstrumpf sagt: „Das habe ich noch nie vorher versucht, also bin ich völlig sicher, dass ich es schaffe." Wer so etwas sagt, zeigt großen Optimismus. Der geht mutig an Neues heran und hat großen Spaß daran. Der denkt ohne Grenzen und geht frisch voran, statt zu hadern und zu zaudern. Der braucht keine doppelten und dreifachen Sicherheitsnetze, bevor er den ersten Schritt tut.

Die Lust am Probieren gehört in Zeiten der Veränderung, in denen Freiräume entstehen, unbedingt dazu. Es gibt noch keine eingefahrenen Wege, es liegt an Ihnen, mit der richtigen Einstellung das Neuland mutig zu gestalten.

4. PEP GUARDIOLAS SYSTEM:

Philipp Lahm ist vor einiger Zeit interviewt worden zu dem Thema: Welche Erkenntnisse lassen sich aus dem Fußball auf das Management übertragen? Er nannte als Beispiel die Art und Weise, wie Pep Guardiola die Mannschaft des FC Bayern München zum Erfolg führte. Philipp Lahm sagte sinngemäß: „Jeder Spieler wusste, welche Rolle er im Team zu spielen hatte. Gleichzeitig kannte er auch die Rolle jedes Mitspielers. Und so haben wir immer gemeinsam gestürmt und gemeinsam verteidigt."

Mit diesem System aus Transparenz, Vernetzung und perfekter Abstimmung errang das Team drei Deutsche Meisterschaften und zwei DFB-Pokalsiege. Für die Unternehmensorganisation heißt das: Jeder Mitarbeiter weiß, wo er seine Stärke einbringt und wie er in das Gesamtteam eingebunden ist. Das erspart im Ganzen endlose Abstimmungsschleifen, das Abschieben von Verantwortung und Kompetenzgerangel. Das macht ein Wunderteam so viel schneller als ein herkömmliches.

5. DAS NAVI IN DER HAND:

Das Navigationssystem sorgt dafür, dass alle Beteiligten das gemeinsame Ziel nicht aus den Augen verlieren. So turbulent der Wegabschnitt für jeden Einzelnen auch gerade sein mag: Keiner kommt vom Weg ab.

Die gemeinsame Ausrichtung ist auch für ein Unternehmen von entscheidender Bedeutung, denn nur, wenn sich alle auf den Weg zum gleichen Ziel machen, wirkt die gemeinsame Kraft.

Und noch etwas erlaubt das Navi. Es gibt einen Überblick darüber, wie Sie Hindernisse umgehen können. Egal ob diese sich schon lange im Voraus abzeichnen oder plötzlich auftauchen: Sie erkennen die Umfahrungsmöglichkeiten und können die beste Route auswählen. Alle bleiben auf dem gemeinsamen Kurs, auch wenn der in der Realität nicht so geradlinig verläuft, wie es die ursprüngliche Planung einmal vorgesehen hat.

6. AUF DEM GIPFEL DES KILIMANDSCHARO:

Ganz oben auf dem höchsten Berg Afrikas haben Sie einen sehr weiten Blick in die endlose Ebene unter Ihnen. Nichts versperrt mehr Ihre Sicht. Von hier oben aus gesehen gibt es keine Grenze mehr. Bis zum Horizont können Sie alles erkennen und sehen, wohin Sie gehen möchten und wie Sie dort am besten hinkommen.

Das ist auch das Ziel für Unternehmen: Mit größtmöglicher Übersicht alle Möglichkeiten erkennen, das langfristige Ziel identifizieren und den gangbarsten Weg dahin.

Vielleicht lächeln Sie über die Zusammenstellung des Bildes, aber ich bin mir ziemlich sicher, dass es Ihnen im Gedächtnis bleiben wird. Auch wenn Sie es weitergeben wollen, um Ihren Mitarbeitern und Kollegen zu vermitteln, was ein Wunderteam ausmacht, wird das Bild hilfreich sein. Je mehr Sie damit begeistern können, desto besser, denn wenn wir in diesem Land 100.000 Wirtschaftswunder initiieren wollen, brauchen wir viele Mitstreiter im Kleinen wie im Großen.

JE MEHR SIE BEGEISTERN KÖNNEN, DESTO BESSER.

MEHR VOR ORT!

Darüber hinaus brauchen wir wirkungsvolle Verbünde, um die einzelnen Einheiten da stark zu machen, wo sie selbst an ihre Grenzen kommen. Das ist ein perfektes Rezept, solange das oberste Gebot bei der Arbeitsteilung von dezentraler Aufstellung und überregionalem Verbund die Subsidiarität ist. Alles, was vor Ort erledigt werden kann, wird dort auch gemacht – und zwar mit der vollen Verantwortung. Nur da, wo lokal bestimmte Aufgaben nicht oder nicht effizient genug erfüllt werden können, wird der Verbund aktiv. So bleiben die kleinen Einheiten stark und flexibel genug, um für ihre Region die beste Lösung zu finden. Denn – ich habe es inzwischen ja schon häufig gesagt – nur in dieser Dezentralität gedeihen Wunderteams.

OBERSTES GEBOT IST DIE SUBSIDIARITÄT.

Mindestens genauso wichtig sind Expertise und der kontinuierliche Blick über den Tellerrand. Im Verbund können regionale Einheiten voneinander lernen, sie können sich Lösungsimpulse holen, gemeinsam die Augen auch ins Ausland richten. Wo immer jemand gute Lösungen gefunden hat, lässt sich lernen. Ich habe Ihnen in einem der ersten Kapitel erzählt von unserer Fahrt nach Malmö und der verbindenden Kraft, die von der Brücke dort ausgeht. Diese Reise habe ich in meiner Funktion als Aufsichtsrat der VR NetWorld gemacht. Diese ist Teil der Genossenschaftlichen FinanzGruppe Volksbanken Raiffeisenbanken und ein Beispiel dafür, welche Aufgaben der

Verbund für seine Mitglieder gut übernehmen kann. In der VR NetWorld bündeln wir das Know-how und die Erfahrungen rund um die Digitalisierung im Finanzsektor und vernetzen uns dafür eben auch in die USA, nach Schweden oder nach Estland.

Ich denke, genossenschaftliche Verbünde arbeiten hier vorbildlich, und ich kann den Ansatz zur Nachahmung empfehlen – auch für die vielen anderen Formen, in denen sich Wunderteams formieren können. Der wichtigste Punkt dabei ist: Bei all den intensiven Verbundaktivitäten bleibt die Dezentralität stets gewahrt, denn delegiert wird nie von oben nach unten, sondern immer nur von unten nach oben. Den Spruch „Global denken, lokal handeln" haben angeblich die Amerikaner erfunden. Dabei passt er perfekt für die Zusammenarbeit im mittelständischen Verbund. So funktioniert das Prinzip sogar in die andere Richtung: lokal denken und global handeln.

IM VERBUND KANN DER MITTELSTAND LOKAL DENKEN UND GLOBAL HANDELN.

MEHR WUNDER!

Steht wirklich nur noch die schnelle Rendite im Vordergrund, leiden in der Regel auf lange Sicht alle: die Mitarbeiter, die Umwelt und auch die Kunden. Mangelnde Rücksicht auf die Kundschaft kann wirtschaftlich sogar eine Zeit lang gut gehen. Zur Not kann sich ein großes Unternehmen ja eine neue, lukrativere Kundengruppe suchen. Regionale Unternehmen können das nicht. Ihre Kunden sind die Menschen vor Ort – die lassen sich nicht einfach austauschen. Deshalb muss sich ein regional verankerter Betrieb immer an den Interessen dieser einen Gruppe orientieren. Seine Strategie kann also nicht Ex-und-hopp sein. Er muss die Bedürfnisse seiner Kunden genau kennen und danach streben, deren Interessen langfristig zu erfüllen.

DIE STRATEGIE EINES REGIONALEN UNTERNEHMENS KANN NICHT EX-UND-HOPP SEIN.

Diese enge Koppelung an die Bedürfnisse vor Ort hat einen Nebeneffekt. Weil die Ansprüche von Region zu Region unterschiedlich sind, ist der Mittelstand zur Kreativität gezwungen. Es gibt keine Lösungen von der Stange, die exakt zu den Gegebenheiten an jedem Ort passen. Stellen Sie sich vor, Sie müssten zentral drei Leute steuern, die irgendwo draußen Straßen abfahren sollen, die Sie nicht kennen. Ihre Einheitslösung wird für keinen passen, wenn der eine auf einer geraden Autobahn, der andere auf einer Bergstraße und der dritte am Meer mit Gegenwind unterwegs ist. Nur wenn Sie dezentral aufgestellt sind, wissen Sie, was Ihren Fahrer erwartet – und können ihn optimal steuern. Dezentralität ist ein echter Vorteil am Markt. Durch diese Besonderheit haben die regionalen Unternehmen dem großen Geld allerdings auch etwas entgegenzusetzen, denn sie sorgen aus ihrer besonderen Situation heraus für die Wunder.

DEZENTRALITÄT IST EIN ECHTER VORTEIL AM MARKT.

Wenn sich die deutsche Wirtschaft an den Prinzipien der Wirtschaftswunder von unten orientiert, bin ich voller Optimismus, dass wir gemeinsam Gutes erreichen können. Auch in den scheinbar schwierigen Landstrichen lassen sich Wunder erreichen. Die Volksbank Mittweida ist nur eines unter vielen großartigen Beispielen. Es ist uns gelungen, in einer sogenannten strukturschwachen Region eine überdurchschnittliche Entwicklung zu nehmen. Seit zwanzig Jahren liegt unsere Cost-Income-Ratio unter 0,5, wir waren Bank des Jahres 2016 und befinden uns weiter im Aufwärtstrend. Wir sind Initiatoren der Stiftungsprofessur für Digitales Business an unserer Hochschule, fördern aktiv die Digitalisierung im Mittelstand, treiben Cross Innovation voran, unterstützen innovative Start-ups und Co-working-Modelle von jungen Talenten der Region, beteiligen uns am Aufbau eines Innovationszentrums und noch vieles mehr. Das hat uns 2019 schon das zweite Jahr hintereinander als einzige Bank in die Liste der Top-100-Innovatoren Deutschlands gebracht. Wir haben unser kleines Wirtschaftswunder auf der Grundlage jener Kultur und jenes Teamgeists geschaffen, die ich in diesem Buch beschrieben habe.

SO KÖNNEN WIR GEMEINSAM GUTES ERREICHEN.

UND DAS KÖNNEN SIE AUCH!

Wenn Sie und ich und viele andere anpacken, dann gestalten wir unsere Zukunft vor Ort: in den Dörfern, in den Städtchen, in den Regionen. Eben da, wo die Menschen leben und selbstbestimmt nach vorne gehen wollen. Dezentralität steht für Lebensqualität in der Fläche, steht für Schnelligkeit und Vernetzung, steht für Kundennutzen und Nachhaltigkeit, steht für Bodenständigkeit und Innovation. Ob Sie Ihr eigenes Vorhaben nun in einer Genossenschaft oder in einer anderen Form auf die Beine stellen wollen: Wichtig ist, dass Sie heute damit anfangen.

So schaffen wir für Deutschland 100.000 Wirtschaftswunder.

Lieber Leser, lassen Sie uns alle gemeinsam

Zukunft Einfach Machen

„DIESER SCHLAG IST FÜR DIE ZUKUNFT!“

FAMILI

Der Weihbischof steht in seinem hellen weiten Gewand mit dem goldgelben Kragen in der gleißenden Sonne. Es ist ein herrlicher Sonntag Anfang September. Gerade noch ist er mit dem Weihwasser durch die Reihen gegangen. Fast schmunzelnd hat er den Pinsel in den Kessel getaucht und beim Verspritzen gesagt: „Bei der Hitze wird euch das guttun."

Die Glocke war am Vorabend im Ort unten festlich geschmückt worden: zwei Kränze aus leuchtenden Sonnenblumen und dunkelgrünem Blattwerk rund herum, obenauf ein Strauß bunter Blumen. In einem großen Kirchenzug ist sie soeben – fest verzurrt auf dem Hänger eines Oldtimer-Traktors – auf den Schlossberg gebracht worden.

„Schau nur: Sogar den Traktor haben's geschmückt", sagt eine Waldeckerin zu ihrem Mann. Auch sie haben sich dem Zug angeschlossen.

„Ich seh nix – vor lauter Leut. Mei, sind da viele da", schnauft er. Er ist noch außer Atem, denn das letzte Stück den Schlossberg hoch ist steil.

„Des ist ja auch was ganz was B'sonderes, was heute passiert. Dass ich das noch erleben darf. Seit zwanzig Jahren haben wir darauf gehofft. Ich kann es immer noch kaum glauben", erwidert seine Frau und tupft sich mit einem Taschentuch den Schweiß von der Stirn. „Wer hätte gedacht, dass wir in unserem kleinen Ort so was Großes zustande kriegen?"

„Tja, da siehst du's! Wenn die kleinen Leute zusammen helfen, dann passiert allerhand. Wie es bei uns in der Oberpfalz heißt: ‚Neat no gehm neat olles' – ‚Nicht nachgeben bewegt alles' ", nickt ihr Mann zufrieden. „Aber jetzt sei stad. Der Bischof hat sich ans Mikrofon gestellt."

Ihr Blick wandert nach vorne, dorthin wo die Glocke in ihrem Blumenornat jetzt steht: auf einem stabilen Holzgestell vor den rot lackierten Stahlstelen, die den Altarraum markieren. Nur wenige Meter weg ist der Ort, an dem die Glocke drei Tage später endgültig ihren Platz finden soll: am Turm, der ebenfalls aus Stahlstelen besteht.

Der Weihbischof tippt auf das Mikro, aus den Lautsprechern ertönt „Tock-tock". Er nickt befriedigt. Dann hebt er an: „Liebe Gemeinde! Wir sind an diesem ganz besonderen Ort zu einem ganz besonderen Anlass zusammengekommen. Es gilt, endlich wieder eine Glocke vom Schlossberg zu Waldeck ertönen zu lassen."

Er weist mit einer ausladenden Bewegung seines rechten Armes auf die Glocke, die schräg hinter ihm steht, und schweigt einen Moment. Sein helles Gewand leuchtet. Vom nahen Waldrand her tönt ein leises Rauschen von Blättern, die Vögel zwitschern, die Grillen zirpen. Die Menge wartet gespannt.

Dann wendet sich der Weihbischof wieder den Menschen zu und sagt: „Es ist mir eine Freude und eine Ehre, mit Ihnen gemeinsam die ersten drei Glockenschläge zu führen. Ich möchte dafür zu mir bitten: den Vorsitzenden des Heimat- und Kulturvereins von Waldeck sowie den jüngsten Sohn der Stifterfamilie."

Der Mann mit dem silbergrauen Bart, angetan mit dem dunkelblauen knielangen Mantel mit den großen Silberknöpfen der Oberpfälzer Tracht, tritt vor. Ebenso ein vielleicht zehnjähriger Junge in Lederhosen. Er hüpft von einem Fuß auf den anderen, so aufgeregt ist er.

Der Geistliche nickt den beiden zu und fährt fort: „Nun denn. Der erste Schlag ..."

Er hält einen zierlichen Hammer in die Höhe.

„Der erste Schlag ist für den Glauben."

Er tippt mit dem metallenen Köpfchen die Glocke zart am unteren Rand an. Ein voller Ton breitet sich aus. Die Anwesenden lauschen andächtig, bis er verklungen ist. Auch die Vögel und Grillen scheinen zu lauschen, denn sie sind verstummt. Nur das leise Blätterrauschen untermalt die eintretende Stille.

Der Bischof hebt erneut das Hämmerchen und überreicht es dem Bärtigen mit den Worten: „Der zweite Schlag ist für die Geschichte. Herr Wagner, bitte."

Fast ehrfürchtig ergreift der große Mann das Werkzeug. Er beugt sich ein wenig vor und schlägt ebenso vorsichtig an, wie der Bischof zuvor. Wieder erklingt der Ton – sanft, aber weithin vernehmbar.

„Und der dritte Schlag ...", der Bischof ergreift erneut das Wort, „... der dritte Schlag ist für die Zukunft."

Er nickt dem Jungen zu: „Benedikt, du bist dran."

Der Junge nimmt freudestrahlend das Hämmerchen entgegen und klopft mit einem beherzten Schlag auf den unteren Rand der Glocke. Laut und deutlich ertönt der Klang.

Bis hinunter nach Waldeck und noch weiter.

Wie ein Weckruf für ein Land der 100.000 Wunder.

Und wer den allabendlichen Glockenschlag selbst hören möchte, den lade ich herzlich nach Waldeck ein: zum Weckruf seines eigenen Wunders.

ÜBER DEN AUTOR

Leonhard Zintl ist Banker, Genossenschaftler, Autor, Herausgeber, Vortragsredner und besonders leidenschaftlich Zukunftsmacher. Nach der Ausbildung in einer bayerischen Genossenschaftsbank geht er 1991 nach Sachsen. Zunächst als junge Führungskraft, ab 1997 als Vorstandsmitglied und seit 2009 als Vorstandsvorsitzender ist er für die Volksbank Mittweida eG tätig. Seine Frau unterstützt er beim Aufbau ihres Unternehmens, der Hollerhöfe. Er engagiert sich in Gremien des genossenschaftlichen Finanzverbundes, wirkt ehrenamtlich in Vereinen und Organisationen seiner Heimat und überregional mit und ist in der regionalen Politik aktiv. „Einfach machen" lautet sein Lebensmotto. Die damit verbundenen Ideen, Werte, Einsichten gibt er an seine drei Kinder, an Mitarbeitende, Führungskräfte und viele andere Menschen weiter.

VORTRÄGE UND WORKSHOP

Mit Optimismus nach vorne blicken, mutig handeln und Visionen in Realität verwandeln – Leonhard Zintl bringt Menschen, die etwas bewegen wollen, in Bewegung. Alle „Ja, aber" hinter sich lassen. Nicht jammern, sondern in Lösungen denken. Stolz sein auf kleine Fortschritte und das große Ziel nie aus den Augen lassen. So inspiriert und aktiviert er in Keynotes, Impuls- und Gastvorträgen sein Publikum. Das passende Handwerkszeug für die alltägliche Praxis vermittelt er in einem eigens konzipierten Workshop.

DIE VORTRAGSTHEMEN

ZUKUNFT EINFACH MACHEN

Mit Mut und Freude neue Ideen realisieren

Viel Substanz und hohe Praxisrelevanz, anregend aufbereitet für Führungskräfte und Entscheider aus Wirtschaft, Politik, Verwaltung.

Leonhard Zintl bringt auf den Punkt, worauf es in Unternehmen und Wirtschaft heute und morgen ankommt. Illustriert mit vielen Beispielen aus seinem beruflichen und privaten Leben, gibt er seinem Publikum viele sofort umsetzbare Ratschläge mit auf den Weg in die Praxis.

- *Wie wir vom „Das geht nicht!" zum „Das geht doch!" gelangen*
- *Warum wir in einer schwierigen und zugleich wunderbaren Zeit für neue Ideen leben*
- *Was Menschen, Teams, Unternehmen wirklich voranbringt*
- *Warum wir einen Masterplan für unsere Zukunft brauchen*
- *Wie wir Zukunftsmacher werden und jede Herausforderung meistern*

Dieser Vortrag ist als Keynote, Impulsvortrag oder Gastvortrag buchbar.

INFORMATION UND

DEZENTRALE WUNDER

So blüht der wirtschaftliche Erfolg überall

Fundierte Erfahrung aus vielen gelungenen Projekten, kompetent aufbereitet für Genossenschaftler, Unternehmer und Kommunalvertreter aus ländlichen Regionen.

Auch fernab der Großstädte und Wachstumsregionen können wir Wirtschaftswunder schaffen. Leonhard Zintl hat es selbst getan – und teilt sein Wissen, seine Erfahrung mit allen, die ihre Region durch kleine und große Wunder aufblühen lassen wollen. Das Prinzip der Genossenschaft steht für ihn im Fokus.

- *Welche Erfolgsprinzipien für Genossenschaften sprechen*
- *Wie genossenschaftliche Wunderteams neue Wirtschaftswunder realisieren*
- *Warum Genossenschaften die besseren Start-ups sind*
- *Zu welchen Zielen uns die genossenschaftliche Idee noch tragen kann*

Dieser Vortrag ist als Keynote, Impulsvortrag oder Gastvortrag buchbar.

DER WORKSHOP

ZUKUNFT EINFACH MACHEN

Zwei Tage intensiv für die Praxis lernen

Der Workshop zum Buch „Zukunft Einfach Machen". Kompakt, interaktiv und hochgradig umsetzungsorientiert.

Wie wird man Zukunftsmacher? In drei Modulen erfahren Mitarbeitende, Führungskräfte und Entscheider, wie man Selbstblockaden und andere Hindernisse überwindet, ins Handeln kommt und eigene Wunderprojekte umsetzt. Leonhard Zintl leitet diesen Workshop gemeinsam mit einer erfahrenen Trainerin, mit der er seit Jahren erfolgreich kooperiert.

- *Modul „Zukunft": Probleme als Chancen für neue Lösungen sehen*
- *Modul „Einfach": Den Anfang machen und Potenziale ausschöpfen*
- *Modul „Machen": Eigenverantwortlich und im Team wunderbare Ergebnisse erzielen*

Dieser Workshop ist als Inhouse-Event und als offenes Seminar buchbar.

WEITERE WORKSHOPS IN PLANUNG

Impressum

Bibliografische Information der Deutschen Nationalbibliothek

Die Deutsche Nationalbibliothek verzeichnet diese Publikation in der Deutschen Nationalbibliografie; detaillierte bibliografische Daten sind im Internet über http://dnb.dnb.de abrufbar.

Print: ISBN: 978-3-648-13824-3 Bestell-Nr.: 10521-0001

ePDF: ISBN: 978-3-648-13825-0 Bestell-Nr.: 10521-0150

Leonhard Zintl

Zukunft. Einfach. Machen – Mein Plädoyer für ein Land der 100.000 Wirtschaftswunder

1. Auflage 2020

www.haufe.de | info@haufe.de

Produktmanagement: Jürgen Fischer

Lektorat: DG VERLAG, Wiesbaden

Umschlag, Layout und Satz: Verena Lorenz, München

Veröffentlichung in Kooperation mit dem DG VERLAG

Vertrieb für die genossenschaftliche FinanzGruppe durch Deutscher Genossenschafts-Verlag eG, Wiesbaden

www.dgverlag.de | www.genobuy.de

Print: Bestell-Nr. 968 968

Bildnachweis: Cover bernie_photo (istockphoto.com), Artwork Verena Lorenz; S. 7 , 8 , 10, 14, 35, 36, 38, 64–67, 70, 103, 108, 147–149, 154, 181, 182, 184, 232, 249, 250, 252, 269, 276 Peter Neusser; S. 12, 269–276, 275, Bernd Schönfelder; S. 21 NicoElNino (istockphoto.com); S. 27 Keikona (istockphoto.com); S. 45 marcduf (istockphoto.com); S. 50 Andreas Modess (istockphoto.com); S. 53 kynny (istockphoto.com); S. 59 Illu Flugzeug istockphoto Aleksandr Durnov (istockphoto.com), Steinzeitmensch ilyaliren (istockphoto.com), Fahrradmännchen leremy (istockphoto.com); S. 61 abzee (istockphoto.com); S. 68 Leonhard Zintl; S. 74 wanderluster (istockphoto.com); S. 78 simarik (istockphoto.com); S. 84 subjob (istockphoto.com); S. 87 Yevhenii Orlov (istockphoto.com); S. 90 naumoid (istockphoto.com); S. 99 Warchi (istockphoto.com); S. 103 mona wide (istockphoto.com); S. 105 Patrick Daxenbichler (istockphoto.com); S. 113 Arndt_Vladimir (istockphoto.com); S. 116 CreativeMoments (istockphoto.com); S. 119 dan_prat (istockphoto.com); S. 129 xxmmxx (istockphoto.com); S. 134 og-vision (istockphoto.com); S. 136 SergeyNivens (istockphoto.com); S. 138 malerapaso (istockphoto.com); S. 157 Sven Simon (ullstein bild); S. 165 makasana (istockphoto.com); S. 170 thomas-bethge (istockphoto.com); S. 173 AlexLMX (istockphoto.com); S. 188 Yuttapong (istockphoto.com); S. 194 ukayacan (istockphoto.com); S. 196 1001nights (istockphoto.com); S. 198 France68 (istockphoto.com); S. 200 simonkr (istockphoto.com); S. 202 HaraldBiebel (istockphoto.com); S. 206 subjug (istockphoto.com); S. 208 Achisatha Khamsuwan (istockphoto.com); S. 210 chaiyon021 (istockphoto.com); S. 212 Bilanol (istockphoto.com); S. 214 HandZaround.com (istockphoto.com); S. 218 vchal (istockphoto.com); S. 239 ansonmiao (istockphoto.com); S. 243 brainmaster (istockphoto.com); S. 259 sergeyryzhov (istockphoto.com); S. 260 Andrew_Deer (istockphoto.com); S. 261 United Archives (ullstein bild); S. 262 Sven Simon (ullstein Bild); S. 263 BayramGurzoglu (istockphoto.com); S. 264 GenadijsZ (istockphoto.com)